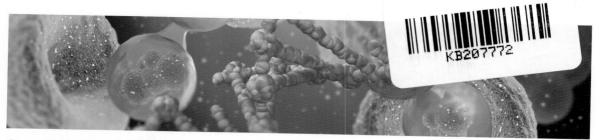

Small Animal Surgery for Veterinary Nurses

동물보건 외과학

이수정·김정은·천정환·엄세욱·이신호

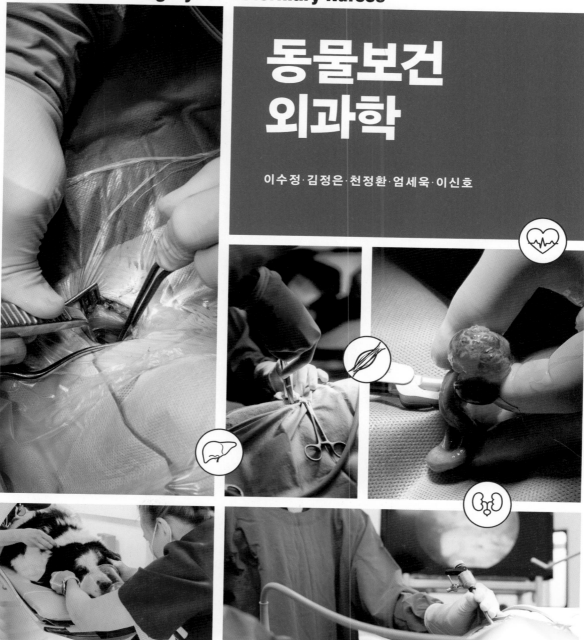

박영story

머리말

최신 동물의료의 고도화와 함께 동물의 건강을 책임지는 동물보건사의 역할이 더욱 중요해지고 있습니다. 동물 질환의 진단과 치료 과정에서 수의사의 보조 역할을 넘어, 보다 전문적이고 체계적인 지식이 요구되는 시대가 되었습니다. 이에 따라, 동물보건사들이 동물병원에서 활용할 수 있는 실질적이며 유용한 동물보건외과학 지침을 제공하고자 이 책을 집필하게 되었습니다.

동물보건외과학은 단순한 기술적 접근을 넘어, 생명에 대한 깊은 이해와 함께 윤리적 책임 또한 요구되는 분야입니다. 동물보건사는 동물환자의 외과적 수술 및 처치 과정에서 수의사와 팀을 이루어 소통하고 협력하여 환자의 상태를 면밀히 관찰하고, 적절한 처치와 수술 후 회복 관리를 성실히 수행해야 합니다.

본서는 이러한 역할을 수행하는 데 필요한 동물보건외과학의 핵심 개념과 노하우를 담아내는 데 주력하였습니다. 동물환자의 수술과 재활이 원활하게 이루어지기 위한 기초부터 심화 내용까지 포괄적으로 다루고 있으며, 다음과 같은 주요 내용을 담고 있습니다.

1장 수술실 환경 관리: 수술실과 주변의 청결 유지 및 감염 예방을 위한 관리 방법

2장 수술도구 및 재료: 외과 수술도구의 종류와 사용법

3장 수술 전 준비: 동물환자 수술 전 준비 과정과 필수 절차

4장 동물환자 마취 및 모니터링: 마취의 원리 및 모니터링 기술

5장 수술 절차: 다양한 외과적 술기의 이해와 적용

6장 수술 후 동물환자 간호: 수술 후 회복 과정에서의 관리 및 합병증 예방

7장 창상관리 및 붕대법: 창상 치료 및 올바른 붕대 적용법

8장 재활치료: 신체 기능 회복을 위한 재활 요법

각 장에서는 이론적 개념을 명확히 설명하는 동시에, 동물병원 임상 현장에서 쉽게 적용할 수 있도록 실무적인 조언을 포함하였으며, 이를 통해 여러분은 학습한 내용을 실전에 효과적

으로 응용하고, 보다 능숙하게 동물의 외과적 처치를 지원할 수 있을 것으로 사료됩니다.

이 책이 동물보건사를 꿈꾸는 학생들과 현장에서 활약하는 모든 동물보건사 분들에게 실질적인 도움이 되기를 바랍니다. 동물의 건강과 복지를 위해 노력하는 여러분의 헌신과 열정이 보다 빛을 발할 수 있도록, 이 책이 작은 디딤돌이 되기를 기대합니다. 또한, 여러분이 끊임없이 배우고 성장함으로써, 동물의료 분야에서 더욱 전문적인 역할을 수행할 수 있기를 바랍니다.

끝으로, 이 책이 출간될 수 있도록 도와주신 모든 분들께 깊은 감사를 드리며, 이 책을 통해 보다 많은 동물보건사들이 전문성을 갖추고, 동물의 건강과 행복을 위해 한 걸음 더 나아갈 수 있기를 진심으로 바랍니다.

2025년 3월
저자 일동

목차

수술실 환경 관리

Environmental Management of
the Operating Room

수술실 환경 관리
Environmental Management of the Operating Room

📖 **학습목표**

- ‣ 수술실의 구성을 이해한다.
- ‣ 수술실 및 수술기기와 장비 등의 일상 관리를 할 수 있다.
- ‣ 수술 전후의 수술실을 위생적으로 관리할 수 있다.

---

01 수술실 관리 | Operating Room Management

1 수술 공간의 구성 Layout of the Surgery Suite

수술 공간은 일반적으로 수술 전 준비를 하는 공간인 '수술 전실(수술 준비실)'과 수술대가 놓여있어 수술이 행해지는 철저한 멸균지역인 '수술실'로 나뉘어 있다. 경우에 따라서는 수술이 실제 이루어지는 수술실을 수술방이라 부르기도 하며, 수술 전실(수술 준비실)과 수술이 행해지는 수술실을 포함하여 포괄적인 의미로 수술실이라고 부르기도 한다. 우리나라 수의사법상에는 동물병원 처치실의 개념 안에 수술하는 공간이 포함되어 있으며, 동물병원의 규모와 환경에 따라서는 처치실, 수술 전실, 수술실이 명확하게 나눠져 있지 않은 경우도 있지만, 오염 및 감염 예방을 위해서는 수술 전실에서 안전하고 안정적으로 수술 전 준비를 하도록 하는 것이 기본이다. 수술 전실은 오염지역인 수술 준비 구역과 오염지역과 멸균지역의 중간지역인 스크럽 구역으로 나눠 볼 수 있다.

(1) 준비 구역

- 수술환자 준비와 수술에 사용하는 물품을 보관하고, 동물환자가 수술방에 들어가기 전에 수술 부위 삭모와 흡입마취가 시작되는 곳이다.
- 오염지역에 해당한다.

(2) 스크럽(Scrub) 구역

- 수술자와 소독 간호사가 외과적 손세정소독인 스크러빙을 시행하고 수술방과 연결되는 공간이다.
- 오염지역과 멸균지역의 중간지역(혼합지역)에 해당한다.

(3) 수술실(Operating Room, OR)

- 실제 수술이 진행되는 곳으로 멸균 수술가운과 멸균장갑을 착용하는 곳이며, 감염을 차단하기 위해 무균 상태를 유지하는 방이다.
- 수술실 내 기압을 높이는 양압 환기는 공기를 밀어내 수술실 내로 박테리아 등이 유입되어 오염되는 것을 예방한다.
- 멸균지역에 해당한다.

2 수술실의 일상 위생 관리 Cleaning of the Surgery Room

수술실은 긴급한 사용의 경우에도 오염되어 있지 않도록, 항상 청결하게 관리되어 있어야 한다. 수술실은 특수한 기구와 기기가 놓여 있기 때문에, 청소 및 세정을 하는 방법과 순서를 정확하게 이해해 두어야 한다. 그리고, 수술방의 문은 청소할 때를 제외하고는 항상 닫아두어야 한다. 구체적인 관리 사항의 내용은 다음과 같다.

- 수술실 청소 스케줄을 계획하고 동물병원 스태프들과 공유한다.
- 수술포와 가운 등은 세탁한 후 건조하여 보관함에 정리한다.
- 수술실 전용 가운과 모자, 마스크 수를 체크하고 구비해 둔다.
- 수술실에 수납되어 있는 수술 시 필요한 약품과 물품을 파악하고 부족한 것을 채워놓는다.
- 수술에 사용된 수술도구 및 수술기구를 세척 및 멸균하여 정리한다.
- 수술 전후에 더러워진 가구 및 기구를 청소하고 소독해 둔다.

- 수술대는 청결을 유지해야 하며, 소독을 해두어야 한다.
- 벽, 창, 창에 낀 녹, 기기, 수술대 등의 이동하지 않는 물품이나 시설은 닦아서 청소한다.
- 수납 선반은 수납되어 있는 물품들을 다 꺼내서 안을 닦아서 청소한다.
- 에어컨이나 환풍기도 정기적으로 청소하고 작동을 확인한다.
- 소독제를 사용하여 수술실 바닥을 청소한다.
- 의료폐기물 상자 재고를 파악하고 의료폐기물 배출 등을 관리한다.
- 마취기 등의 중요 수술 관련 기기들이 정상적으로 작동하는지 확인해 둔다.
- 모든 기기를 즉시 사용할 수 있도록 세팅해 둔다.

3 수술용 비품의 일상 관리 Rotating and Restocking Supplies

수술실의 소모품들은 단기간에 사용할 수 있는 양을 두도록 한다. 동물보건사는 수술방의 용품을 채우고 정리하며 필요한 경우에는 주문을 하며 재고 관리를 하게 된다. 수술실에 필요한 물품의 종류와 양은 동물병원에 따라서 행해지는 시술과 수술의 종류, 횟수와 빈도 등에 따라 크게 달라질 수 있다. 그러므로 동물병원 수술 관련 환경과 운영 흐름에 따라서, 재고가 쌓이지 않도록, 또한 재고가 떨어지지 않도록 적절히 조절하여 준비하는 것이 중요하다. 그러므로 수술방 및 수술실에서 사용되는 물품을 세심히 모니터링하는 것이 중요하며, 수의사의 수술에 관해 필요한 다양한 사항에 관해 원활한 의사소통을 하는 것이 중요하다.

수술에 사용되는 일회용품은 주로 메스(블레이드), 봉합재, 수술용 장갑 등의 소모품이며, 이들은 멸균 완료된 제품이므로, 일반적으로는 멸균의 유효한 기간이 명기되어 있다. 수술에서의 멸균은 중요하므로 이러한 물품들은 재고 관리 시에 유효기간을 확인하고 적절하게 순환시켜야 한다. 유효기간이 짧게 남은 물품부터 먼저 사용할 수 있도록 앞쪽으로 배치를 하여 신속하게 사용하도록 한다.

1 수술실 주요 기기 및 관리 방법 Operating Room Equipment and Management Methods

(1) 수술대(Surgical Table(Operating Table))

수술실에서 원활한 수술 진행을 위해 적합한 수술대를 사용하는 것은 중요하다. 수술실의 크기나 예산 상황에 따라 다양한 종류의 수술대를 선택할 수 있다. 수술대의 상판은 단단한 형태일 수도 있고, 분리된 구조로 만들어진 경우도 있다.

솔리드 탑(solid top) 수술대는 비교적 가격이 저렴하지만, 체액이 테이블 위에 고이거나 환자 주변에 모이기 쉬워서 작업이 불편할 수 있다. 반면, 스플릿 탑(split top) 수술대는 테이블 아래에 체액을 모을 수 있는 트레이가 있어서 청소가 쉽고, 특히 큰 동물이나 깊은 흉곽을 가진 동물이 안정적으로 등을 대고 누울 수 있도록 조절할 수 있는 장점이 있다.

가온식 상판이 있는 수술대는 환자의 체온을 유지하는 데 큰 도움이 되고, 온수 담요를 따로 사용할 필요가 없다. 또한, 수술대의 높이 조절은 수압이나 전력을 이용해 할 수 있고, 작업하는 사람에게 꼭 필요한 기능이다. 기울기 조절은 주로 수동으로 이루어지는데, 수술 중 환자의 자세를 잘 유지하는 데 유용하다.

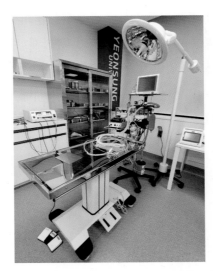

그림 1.1 **동물병원 수술실 기기(무영등, 수술대, 마취기, 전기메스기, 모니터링기, 혈압계 등)**

(2) 무영등(Surgical Light(Operating Light))

수술실 조명은 수술자의 작업에 큰 영향을 미치기 때문에 적합한 조명을 선택하는 것이 매우 중요하다. 여러 브랜드와 디자인의 조명 옵션이 있으며, 특히 측면 범위가 넓고 수직 방향으로 조절할 수 있는 단일 빔 조명이 많이 사용된다.

천장이나 벽에 고정된 조명은 수술 중 작업 공간을 방해하지 않으면서도 쉽게 조작할 수 있어, 이렇게 고정된 조명은 바닥에 놓고 사용하는 모델보다 효율적이다.

오토클레이브 처리가 가능한 탈부착형 라이트 핸들은 멸균 포장하여 무균 구역에서 사용할 수 있으며, 수술자나 보조자가 직접 핸들을 부착해 두 사람이 함께 조명을 조정할 수 있게 하여, 멸균 상태를 유지하기 위해 매우 유용하다.

(3) 마취기(Anesthesia Machine)

• 구성
- 산소통(oxygen cylinder)
- 산소통 압력 게이지(tank pressure gauge)와 감압 밸브(pressure-reducing valve)
- 마취기 본체(anesthesia machine)
- 기화기(vaporizer)
- 유량계(flow meter)
- 회로 내 압력계(pressure manometer)
- 산소 플러시 밸브(oxygen flush valve)
- APL 밸브(배기밸브), pop-off 밸브(pop-off valve)
- 주름관(corrugated tube)
- 캐니스터(canister)/이산화탄소 흡수제(carbon dioxide absorber)
- 호흡 백(rebreathing bag)
- 환자 감시 모니터

• 일상관리
- 산소통의 산소량을 확인한다.
- 산소통 밸브 및 가스공급 라인 등 산소공급에 이상이 없는지 확인한다.
- 유량계의 밸브가 작동하는지 실제 돌려서 확인한다.
- 배기밸브를 닫고, 산소플러시 버튼을 눌러 호흡백이 부푸는지 확인한다.

- 호흡회로 전체의 누출 유무를 확인한다.
- 기화기 내의 흡입마취제 용량을 확인한다.
- 흡입마취제 병에 남아있는 용량을 확인(흡입마취제 재고 확인)한다.
- 이산화탄소 흡수제의 변색 여부를 체크하고 정기적으로 교체한다.
- 마취기 정기점검(calibration) 여부를 확인한다.

(4) 모니터링기와 기기 연결 센서(Monitoring Equipment)

환자는 마취 시 5-10분 간격으로 모든 소견을 기록해야 하며, 경우에 따라 더 자주 모니터링이 필요할 수 있다. 이는 특히 환자가 위험하거나 사용된 흡입제의 특성상 마취 깊이를 빠르게 변경할 수 있는 경우에 해당된다. 외과 수의사와 수술 보조자는 비멸균 인력의 간헐적 모니터링을 보완할 수 있다.

모니터링 항목에는 심박수 및 심박 리듬, 호흡수 및 호흡 리듬, 모세혈관 재충만 시간, 점막 색상, 눈 위치, 근육 긴장도 및 반사가 포함된다. 환자의 체온은 가능하면 15분마다 확인해야 한다. 또한 수액 양, 산소 유량, 마취 가스 농도 및 기타 약물 투여 정보는 표로 정리해야 한다.

최상의 모니터링 장치는 환자의 정상 상태와 마취 과정의 예상 사항, 장비 문제 해결 방안을 숙지한 훈련된 동물보건사라고 할 수 있다. 직접적인 모니터링은 중요한 매개변수에 대한 실시간 데이터를 제공하며, 동물보건사는 청진기 등을 이용해 심박수와 호흡수를 확인하고, 맥박을 촉진하여 강도를 평가할 수 있다. 또한 점막 색상과 모세혈관 재충만 시간은 육안으로 측정하며, 후각을 통해 마취제 누출을 감지할 수 있다.

센서의 선택은 배치 부위와 모니터링되는 환자의 품종에 따라 달라진다. 자주 사용되는 센서 중 하나는 설측 센서로, 빨래집게 형태이며 다양한 크기로 제공된다. 설측 센서는 주로 혀에 사용되지만, 귓바퀴, 발가락 사이, 외부 생식기, 또는 털이 없는 부위에 적용할 수 있다. 단, 혀가 아닌 부위에 사용할 경우 스프링에 가해지는 압력으로 조직이 손상될 수 있으므로 주의한다. 정확한 측정을 위해 센서를 부착하는 부위는 따뜻하고 움직임이 없으며, 털이 없어야 한다. 장치의 판독값이 비정상일 경우 부착 부위를 점검해 환자의 상태를 재확인해야 한다.

장치 중 일부 SpO_2(peripheral capillary oxygen saturation) 장비는 맥박수와 SpO_2 수치만을 제공하지만, 펄스 강도를 나타내는 그래프가 포함되어 있다. 모델에 따라서는 추가적으로 비침습적 혈압 모니터링, $EtCO_2$(end tidal carbon dioxide) 측정, ECG(electrocardiogram) 판독 등

을 제공하기도 한다. 장비가 측정하는 항목이 많을수록 얻는 정보량이 증가하나, 기계의 오작동 위험도 커질 수 있다.

(5) 전기메스기(보비, 바이폴라)(Electrocautery)

전기소작기라고도 불리는 전기메스기는 고주파의 교류전류를 흐르게 하여, 조직을 절개하는 것이 가능한 기기이다. 절개(cut) 모드와 지혈(coagulation) 모드가 있으며, 기기의 구성은 발전기(본체), 대극판(전류판), 절개 핸드피스(모노폴라)와 지혈 핸드피스(바이폴라)로 이루어져 있다.

전기메스를 사용하는 수술자는 멸균 및 소독이 완료된 상태이므로, 전기메스의 본체 조작은 멸균 및 소독이 되어 있지 않은 보조자가 본체 조작을 하게 된다. 기기의 종류에 따라서는 강약이나 절개 모드 혹은 지혈 모드로의 변환은 수술자가 할 수 있는 기기도 있으며, 그렇지 않은 경우에는 보조자가 절개 및 지혈 모드와 강약 레벨 등도 수술자의 지시에 따라 정확하게 조작해야 한다.

[준비]

전기메스를 사용하는 경우에는 수술 개시 전에 준비를 해두어야 하며, 본격적인 수술이 들어가기 전에 동물의 몸과 대극판이 접촉되어 있는지 반드시 확인해 둔다.

절개하는 경우에는 생체에 전기가 통해야 하므로, 동물환자의 아래에 대극판을 놓아두어야 한다. 멸균이 완료된 핸드피스를 준비해야 하며, 전기메스의 본체를 수술대 옆에 두어야 하며 풋 스위치는 수술대 아래에 놓아둔다. 수술자가 사용하기 쉽도록 배치할 필요가 있다. 수술 내용이나 수술 방법에 따라 수술대 위에서의 동물의 체위가 다르기 때문에 기기의 배치도 달라질 수 있으므로, 수술자에게 사전에 확인해 둘 필요가 있다. 전기메스는 장점이 많아 동물병원에서 유용하게 자주 사용된다.

- 장점: 수술 시간을 단축할 수 있다.

  출혈을 억제한다.

  수술의 시야를 확보하기에 용이하다.

  결찰지혈해야 하는 경우의 수를 감소시킨다.

- 단점: 조직을 심하게 손상시키는 경우가 있다.

  절개부의 치료가 늦어지는 경우가 있다.

  큰 반흔이 생길 수 있다.

  피부의 손상이 생길 수 있다.

수술 중 사용
- 수술 중에 전기메스를 사용할 때에는, 수술자와 멸균보조자는 멸균소독이 된 상황이므로, 비멸균보조
  자가 기계 본체를 조작해야 함
- 강약 조절 및 절개 모드 혹은 지혈 모드의 변환 등 수술자의 지시에 따라 정확하게 기계조작이 가능하
  도록 미리 숙지해 두기

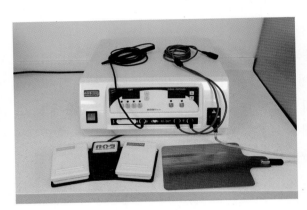

그림 1.2 전기메스기

(6) 온열 장치(Warming Devices)

마취 중 환자의 체온 유지를 위해 외부 가온 장치를 활용하는 것이 필요하다. 순환 온수 담요(보온패드, heating pads)는 수술 및 중환자 치료 시 효과적인 방법으로, 환자에게 따뜻한 표면을 제공하여 저체온증 발생 위험을 줄인다. 이 담요는 다양한 크기로 제공되며, 일부는 일회용이다. 온수 담요는 환자 손상이 없는 한 재사용 가능하지만, 직접적인 열화상을 피하기 위해 담요와 환자 사이에 수건이나 천을 놓는 것이 중요하다. 순환 워터 펌프를 이용한 온수 패드 혹은 온열 공기를 사용하기도 한다.

(7) 석션기(Suction Machines)

흡인(suction)은 수동식 또는 기계식 도구를 사용하여 특정 공간에서 액체나 공기를 제거하는 과정을 의미하며, 수술에서는 주로 기계식 흡인 펌프를 주로 사용한다. 수술 과정에서 필수적인 장비로 여겨지며, 복부, 정형외과, 신경외과 수술 등에서 매우 중요한 역할을 한다. 복부 수술 시 발생할 수 있는 혈액이나 오줌 등의 체액을 제거하여, 수술 부위의 세척 효과를 증대시킨다. 정형외과 수술에서는 관정 세척이나 골절 수복 과정에서 생기는 뼛조

각을 제거하는 데에도 효과적으로 사용된다.

반면, 흡인에는 몇 가지 위험성도 따르므로 주의가 필요하다. 특히 자동흡인장치 사용 시 적절한 진공 압력을 유지하는 것이 중요하다. 너무 높은 진공압력은 복부 시술에서 조직 손상을 초래할 수 있으며, 너무 낮은 진공은 효과적인 제거 과정을 방해할 수 있기 때문이다.

다양한 석션기 모델이 존재하며, 일부는 모터로 작동하여 진공을 생성하는 기기도 있으며, 중앙 진공 시스템으로 작동이 되는 기기도 있다. 모든 기계는 액체를 모으기 위한 용기가 필요하며, 안전 장치로 역류를 방지한다. 석션기에는 석션 팁과 튜브가 필요하다. 석션 팁은 멸균하여 사용하며, 튜브는 재멸균이 가능하지만, 비닐 튜브는 증기멸균 대신 에틸렌 옥사이드 멸균이 필요하다.

(8) C-arm

수술용 투시조영장비로 움직이는 형태의 실시간 방사선 영상장치이다. 진단용 혹은 치료용으로 사용된다. 알파벳 'C'를 닮은 이 장치는 다양한 방향으로 움직일 수 있으므로 확인이 필요한 부위를 다각도에서 촬영할 수 있는 특징이 있다. C-arm 촬영 시에는 방사선 피폭을 예방하기 위해 방호복을 착용하거나 방호막을 사용한다.

(9) 내시경(Endoscope)

신체 내부를 관찰하는 기기들은 기관지경, 위내시경, 복강경과 같이 검사 부위에 따라 다양한 종류가 있으며, 관찰 방식에 따라서도 구분된다. 이 기기들은 수술이나 부검 없이 직접 병변을 볼 수 없는 장기에 삽입되어 관찰할 수 있도록 설계되었으며, 일반적으로 사용되는 기구로는 기관지경, 식도경, 위경, 십이지장경, 직장경, 방광경, 복강경 등이 있으며, 특수한 용도로는 흉강경, 종격경, 심장경 등이 있다.

위카메라는 소형 카메라를 위 안으로 삽입하여 위의 점막을 촬영하고 기록해 미세한 병변을 발견하고 진단할 수 있으며, 위파이버스코프는 해상력이 뛰어나, 점막 상태를 관찰하면서 병변 조직을 채취하는 장치를 부착할 수 있다. 이러한 소화기, 특히 위에 관련된 내시경의 발전 덕분에, 일반적으로 내시경이라고 하면 위카메라나 위파이버스코프를 의미하기도 한다.

03 수술도구 및 기구 관리 Surgical Instruments Management

　수술실에서 사용하는 도구와 기구는 위급한 응급상황에도 바로 사용할 수 있도록 항상 일상에 미리 준비해 둔다. 많은 기구가 수술방에 놓여있으면, 청소가 번잡하게 되며 실제 필요한 도구를 찾거나 사용하려고 할 때 바로 꺼내기 어렵게 되는 경우가 있으므로 수술방 내에 보관하는 기구는 최소한으로 한다.

　수술은 소독된 제한된 환경에서 멸균된 도구(「Chapter 2. 수술도구 및 재료」 참고)를 사용하기 때문에, 평상시의 일반 진료실이나 처치실에서 사용되는 물품, 도구, 기구 등의 관리와는 달리 특별한 주의점이 많다.

　수술 전에 수술의 내용을 정확하고 확실하게 이해하고, 수술 시에 사용하는 필요한 기구 및 물품의 특징 및 주의사항에 따라, 원활한 수술 진행을 보조하기 위해 전날에 준비 및 세팅해 두어야 한다.

04 수술 과정 중 수술실 환경 관리
Operating Room Environmental Management During the Surgical Process

1 수술 전 관리 Management Before the Surgery

- 언제든지 수술할 수 있도록 수술대를 준비한다.
- 수술대 테이블을 알코올로 닦아 둔다.
- 수술대의 전원을 켜고 높이를 조절한다.
- 수술대 위에 보온 패드를 올려놓고 전원을 켠 후 누수가 있는지 확인한다.
- 무영등이 수술대를 향하도록 조정한다.
- 멸균된 무영등 손잡이는 수술할 때 연결할 수 있도록 준비한다.
- 절개와 지혈할 때 사용하는 고주파 보비를 준비한다.
- 핸드피스는 멸균한 후 수술할 때 연결할 수 있도록 준비한다.
- 단극성 고주파 보비를 사용하는 경우 접지판을 수술대 테이블과 환자 사이에 충분히 접촉하도록 스펀지 또는 거즈에 물을 적시어 접지판과 환자가 접촉하는 부위에 있는 접지판 위에 올려 놓는다.

- 수술자가 사용하기 편한 위치의 바닥에 발판을 둔다.
- 혈액이나 삼출물 등을 흡인하여 제거할 수 있는 석션기를 준비한다.
- 스크럽실의 손세정액, 손세정 브러쉬, 일회용 타올 등과 수술방에서 사용하는 보정끈, 보온매트, 삭모기, 소독약, 수술팩 등 사전에 확인한다.
- 수술 당일 혹은 수술 전일에는 마취기기가 정상으로 작동하는지를 미리 확인한다.

- 산소봄베: 마취로 사용하는 산소는 충분히 있는지, 산소의 잔량을 확인한다.
- 산소생성기기: 전원을 켜서 산소가 제대로 생성이 되는지 확인한다.
- 기화기: 가스 마취약은 충분히 들어가 있는지 확인한다. 부족한 경우는 마취약을 추가한다.
- 소다라임: 사용빈도 등을 확인하여 색의 변화가 있으면 교환한다.
- 마취회로: 밸브의 동작을 확인한다.
- 기관 튜브: 수술을 하는 동물환자에게 적합한 사이즈인지 확인하고, 커프는 공기가 새지는 않는지 커프에 공기를 넣고 부풀게 하여 확인한다.
- 후두경: 라이트가 충분히 빛을 내는지 전원을 켜서 확인한다.
- 마취 모니터기: 전원을 켜서 작동이 되는지 확인한다.

수술실 관리 Tips

- 요일을 정하는 등의 정기적인 정리정돈 및 청소의 일정을 계획하여 실천하기
- 수술 전날에는 수술환자, 수술의 종류 및 수술팀 멤버를 확인하고, 그에 따른 수술기기 점검, 수술기구 및 도구 등 미리 세팅하고 멸균하기

2 수술 중 무균 관리 Aseptic Management of the Surgical Area

수술 중에는 안전과 감염 방지를 위해서는 철저한 무균 유지와 명확한 역할 분담이 중요하다. 수술 과정 중에는 동선을 최소화하고 필요 없는 대화를 줄이려 노력하는 등의 무균 상태를 유지하기 위한 노력을 통해 감염을 예방하는 것은 기본이며, 무균 상태 유지 등에 의심스러운 상황이 발생하면 즉각적으로 조치를 취해야 한다.

수술실 바닥과 수술 작업 공간은 항상 청결하게 유지해야 하며, 오염 물질은 우선적으로 제거한 뒤 소독액으로 2차 소독을 진행해야 한다.

무균 상태를 유지하기 위해서는 수술 중에는 멸균 팀원끼리는 마주 보고 작업하며, 수술

도구와 수술포 등은 방수 처리된 멸균 제품을 사용한다. 멸균 부위는 가슴 중앙에서 허리까지, 그리고 수술 장갑을 착용한 손에서 팔꿈치 위 2인치까지로 제한되며, 수술 중에는 손을 겨드랑이에 끼지 않게 하고, 땀이나 기타 오염 요인이 발생하지 않도록 주의한다. 멸균 후 손상되거나 젖은 도구는 오염된 것으로 간주하고 교체한다. 수술에 사용되는 도구는 올바르게 사용하고 관리해야 하며, 낙하되지 않도록 주의하며, 모든 팀원은 자신의 역할에 충실해야 수술이 원활하게 진행될 수 있다.

수술 중에는 작은 실수도 감염으로 이어질 수 있으므로, 모든 과정은 신중하게 수행해야 하며, 감염 방지를 위한 표준 절차와 지침을 준수해야 한다. 이를 통해 수술실의 안전을 확보하고 동물환자와 의료진 모두를 감염으로부터 안전하게 보호할 수 있다.

3 수술 후 관리 Management After the Surgery

(1) 수술도구 및 수술기구 세척(Surgical Instrument Cleaning)

수술 후 동물환자 처치를 하고 난 후에는 수술 후의 뒷정리가 필요하다. 수술대를 다시 사용하기 전의 상태로 깨끗하고 청결한 상태로 정리를 해야 하며, 수술 후에 생겨난 의료폐기물과 조직폐기물 등은 분류에 맞게 폐기를 한다. 수술 시 사용하여 동물환자의 혈액, 조직, 체액으로 오염된 수술도구 및 수술기구는 세척하거나 소독액으로 닦아 사용하기 전의 상태로 만들어 두며, 세정 후에는 증류수로 헹구고 건조시켜 부식을 방지하고 건조 후에 오염이 안 되도록 먼지가 생기지 않는 청결한 곳에 보관한다. 항상 수술도구는 낙하로 인해 손상되지 않도록 주의해야 한다.

복강경과 내시경과 그의 부속 기구를 위생적으로 관리하지 않으면 동물환자 간에 의인성으로 감염이 될 수 있으므로 주의해야 한다. 이러한 기기 및 부속 기구는 멸균기로는 멸균을 할 수 없으며, 세척하고 소독하는 다양한 방법이 있으므로, 기기에 따라 그 제조업체가 권장하는 세정 방법대로 프로토콜을 만들어 관리하도록 한다.

(2) 린넨류 세탁(Linen Washing)

린넨류는 수술 후에 출혈이나 체액 등의 오염이 된 정도에 따라 분류하여 세탁한다. 수술용 팩, 재사용 가능한 천, 면수술 가운, 면수술 모자, 손타월 및 개별 린넨류 등이 포함된다. 이러한 품목은 수술 후 세탁하고, 재팩킹하여 멸균하고 건조 후 수술실의 보관 캐비닛이나 선반에 다시 놓아둔다. 재사용이 가능한 소모품의 경우 일회용 물품과 마찬가지로 위생적으로 운영하고 순환되도록 가장 오래된 것을 먼저 사용할 수 있게 염두에 두어 자리를 배치해서 넣어둔다.

(3) 위생관리 및 소독(Sanitary Control and Disinfection)

수술 후에는 수술실의 청소가 필요하다. 수술실 청소에 사용되는 청소도구는 동물병원의 다른 구역과의 교차감염을 방지하기 위해 수술실 전용 청소도구를 사용해야 한다. 수술실의 미생물, 먼지 및 유기물로 인한 감염을 예방하기 위한 일상의 위생관리는 엄격한 지침을 가지고 있어야 하며, 수술 동물환자의 건강을 지키는 데에 필수적이다.

청소 시의 소독제의 적절한 사용과 적절한 환기도 중요하며, 수술실 내의 유동 인구가 많은 구역은 수술과 수술 사이에 청소하고, 바닥 전체는 매일 일과를 마칠 때 청소한다.

수술용 무영등, 고정형 기기, 기기의 바퀴, 기기의 페달, 기기의 전선, 전화기, 전등 스위치 등의 설비, 캐비닛 손잡이, 환기구, 싱크대 등은 닦아서 청소한다.

소독약은 수술 전의 동물 피부의 소독에 사용하기도 하지만, 고온고압 멸균, EO가스 멸균, 플라즈마 멸균 등으로 멸균처리가 불가능한 수술용 도구나 기기 등에도 사용한다.

동물 몸을 무균 상태로는 할 수가 없으나, 생체에 사용이 가능한 소독약을 준비해서 가능한 한 미생물을 감소시키는 것으로 수술 시의 감염 리스크를 최소화한다.

(4) 소독제(Disinfectant)

이상적인 소독제의 특성은 살균력이 뛰어나면서도 안전하고 경제적이어야 한다. 아래의 설명과 같은 특성을 고루 갖춘 소독제를 개발하고 사용하는 것은 위생과 안전을 유지하는 데 중요하다.

- 넓은 스펙트럼: 다양한 종류의 미생물, 즉 박테리아, 바이러스, 곰팡이 등을 효과적으로 제거할 수 있어야 한다.
- 자극적이지 않음: 사용 시 피부나 호흡기에 자극을 주지 않아야 하며, 알레르기 반응을 일으키지 않아야 한다.
- 무독성: 인체에 무해하여 소독제 사용자나 주변 환경에 해를 끼치지 않아야 한다.
- 비부식성: 금속, 플라스틱 등 다양한 재질의 표면에 사용해도 부식을 일으키지 않아야 한다.
- 저렴해야 함: 대량 구매와 사용에 있어 비용 효율적이어야 하여, 경제적으로 부담이 적어야 한다.

소독제의 효과는 다음과 같은 다양한 요인에 의해 달라질 수 있다. 첫째, 미생물의 유형에 따라 내성이 다르기 때문에 소독제의 효과가 차이가 난다. 둘째, 오염 정도는 필요한 소독 시간과 소독제 양에 영향을 미친다. 셋째, 해당 부위의 단백질은 소독제를 흡수하거나 비활성화할 수 있어 소독 효과에 영향을 줄 수 있다. 넷째, 머리카락, 대변 등의 유기물은 소독제의 효과를 저하시키므로 소독 전 제거가 필요하다. 다섯째, 이전에 사용된 소독 화합물은 새 소독제를 비활성화할 수 있으므로 철저히 제거해야 한다. 여섯째, 소독제가 적절히 희석되지 않거나 양이 적절하지 않으면 소독 효과가 낮아진다. 마지막으로, 소독제는 접촉 시간과 표면 온도가 적절해야 효과적이다.

동물병원에서 주로 사용하는 소독제의 종류 및 특성은 다음과 같다.

① 포비돈 요오드(Povidone-Iodine)

광범위 항균 스펙트럼을 가지고, 생체에의 자극성도 낮기 때문에 잘 이용하고 있는 소독 약이다. 수술 준비, 국소 창상치료, 관절과 체강의 세정에 사용되고 있다. 고농도로는 세포 독성이 있기 때문에, 생체에 사용하는 경우는 희석해서 사용한다.

② 알코올(Alcohol)

휘발이 빠르고, 잔류하지 않은 이점이 있다. 살균효과가 있으나, 아포나 진균에는 효과가 없다. 수술 전이나 주사 후의 피부의 소독에 사용한다.

③ 클로르헥시딘(Chlorhexidine)

세균, 사상균, 효모균에 대해 유효한 소독약으로, 알코올이나 세정용액으로 살균효과가 간섭되지 않는다. 수술용 스크럽, 개방창의 세정제로 사용한다. 고농도의 경우는 염증이나 세포독성이 나타난다. 약 40배 희석 용액은 세포독성은 없으며, 살균작용을 나타낸다.

④ 이산화염소(Chlorine Dioxide)

염소와 산소로 이루어진 화합물이며, 대개 기구의 소독에 사용한다. 광범위 살균과 항바이러스작용이 있으나, 생체조직에는 사용이 부적절하며 세포독성이 나타난다.

⑤ 알데하이드(Aldehyde)

내시경기구의 화학적 살균법에 사용한다. 생체조직에 대해서 독성과 자극성이 있다. 매우 강력하고, 바이러스나 아포를 가지고 있는 세균도 사멸시키는 것이 가능하다. 수 시간 노출되도록 해야 효과가 있다.

chapter

02

수술도구 및 재료

Surgical Instruments and Materials

수술도구 및 재료
Surgical Instruments and Materials

📖 **학습목표**

- ▸ 일반외과, 정형외과, 신경외과, 안과, 치과 등 동물 수술에 사용되는 수술도구의 명칭과 사용 방법을 이해한다.
- ▸ 봉합사와 봉합 바늘의 특성을 이해한다.

---

01 수술도구의 세부 명칭과 핸들링 방법
Name and Handling of Surgical Instruments

---

1 링핸들이 있는 일반 수술도구의 명칭과 잡는 방법

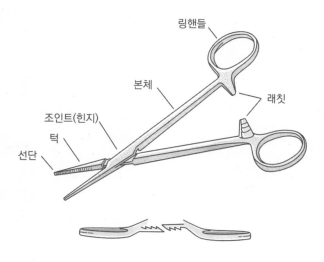

그림 2.1 링핸들이 있는 수술도구 부분 명칭

각 링핸들에 엄지와 약지를 넣고 수술도구를 쥐며, 손가락의 첫 번째 마디 이상을 넣지 않도록 한다. 중지는 본체와 링핸들이 연결되는 부위를 살짝 감싸도록 잡고, 검지를 본체에 올리면 수술도구를 안정감 있게 잡을 수 있다.

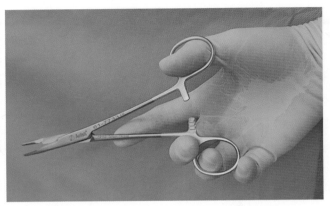

그림 2.2 링핸들이 있는 수술도구를 사용할 때의 손가락 위치

2 링핸들이 없는 수술도구 잡는 방법

메스대(스칼펠)의 경우 주로 칼날의 비절단면에 검지를 대고 메스를 고정시키는 연필 그립으로 잡고 사용하며, 포셉은 주로 사용하는 손의 반대쪽 손으로 연필 잡듯이 쥐고 사용한다.

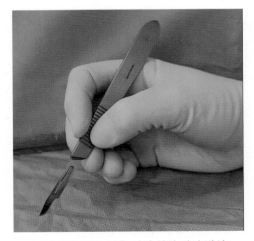

그림 2.3 메스 사용 시의 연필 잡기 방식

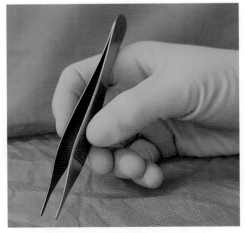

그림 2.4 포셉 사용 시의 연필 잡기 방식

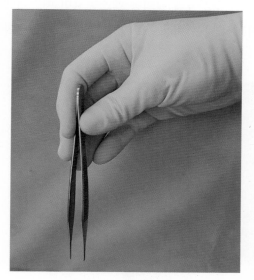 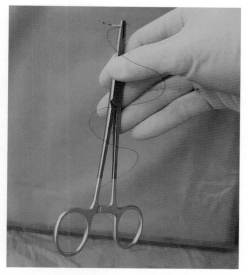

그림 2.5 링핸들이 없는 도구를 전달하기 위한 방법　　　　그림 2.6 바늘이 장착된 니들홀더를 전달하기 위한 방법

　수술의 효율성을 높이고 수술 팀원들과 동물환자의 안전을 위해서, 수술도구의 모양과 용도에 따라 안전하고 적절하게 수의사에게 전달해야 한다. 링핸들이 있는 수술도구는 링핸들은 바닥을 향하게 하고 도구의 선단은 천장을 향하도록 전달하며, 봉합침 바늘이 장착된 니들 홀더를 전달할 때는 수술자 내측으로 바늘이 향하도록 방향을 맞추어 전달한다. 썸 포셉과 같이 링핸들이 없는 도구는 도구의 선단이 바닥을 향하도록 잡고 전달한다. 메스날이 장착된 핸들과 블레이드는 안전한 방법으로 전달이 되어야 하므로, 메스가 장착된 메스대는 메스날이 집도 수의사의 손과 반대 방향이 되도록 하고, 메스대를 잡을 수 있는 방향으로 전달한다.

02 일반외과 수술도구 General Surgical Instruments

1 수술용 메스 Surgical Blades & 메스대 Blade Holder, Scalpel

　외과수술용 메스로서는 일반적으로 일회용 메스와 그 메스를 끼워서 사용하는 메스대가 사용되고 있다. 수술용 메스 종류에는 No.10, 11, 12, 15, 20, 21, 22 등이 있으며, 메스대

종류로는 No.3, 4 등이 있다. 동물병원에서 자주 사용하는 수술용 메스 No.10과 No.15 등의 일회용 메스는 3번 메스대에, 일회용 No.20, 21, 22 등의 일회용 메스는 4번 메스대에 적합하다. 일회용 메스날을 교환하기 때문에, 비교적 낮은 비용으로 멸균된 새로운 상태와 같은 것을 사용하는 것이 가능하다.

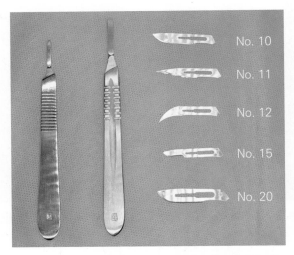

그림 2.7 메스대(스칼펠) 3번(왼), 4번(오른)과 수술용 메스

2 수술용 가위 Surgical Scissors

수술용 가위는 조직을 정확하게 절개하고, 둔성분리하기 위해서도 사용한다. 여러 가지가 있으며, 목적이나 자르는 대상물에 따라 사용하는 종류가 달라진다. 가위는 날과 날 선단의 모양에 따라 분류된다. 가위날의 굴곡 모양에 따라 직선형(straight)은 직(直), 만곡형(curved) 곡(曲)이라고 불리고, 가위날 끝의 모양에 따라 예리한(sharp), 부드러운 혹은 둔한(blunt) 날이라고 불린다.

• 날의 모양

직선으로 뻗어 있는 것을 '직(straight)'이라고 부르며, 직가위라고 불린다. 곡선으로 굽어 있는 것은 '곡(curved)'이라고 하고 곡가위라고 부른다.

• 날 선단의 모양

겹쳐지는 두 개의 날의 선단의 모양이 각각의 형태에 따라 분류된다. 선단이 날카로운 날은 '예(sharp)', 둥글게 보이는 날은 '둔(blunt)'이라고 불리며, 날의 선단이 둘 다 '예'인 경우는 '예-예' 혹은 '양예'라고 부른다. 한편, 선단이 둘 다 '둔'인 경우는 '둔-둔'이라고 하며, 편측의 선단이 '예'이고, 반대편의 선단이 '둔'인 경우는 '예-둔' 혹은 '편둔편예'라고 한다.

위의 날과 날 선단의 분류를 조합하면 아래와 같이 표기가 된다.

(straight sharp-sharp / straight sharp-blunt / straight blunt-blunt / curved sharp-sharp / curved sharp-blunt / curved blunt-blunt)

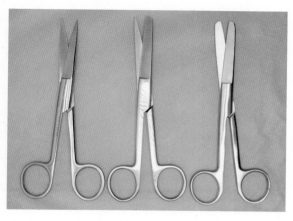

그림 2.8 sharp-sharp scissors(왼), sharp-blunt scissors(가운데),
blunt-blunt scissors(오른)

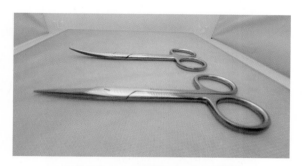

그림 2.9 curved(위), straight(아래)

① 메이요 가위(Mayo scissors): 두꺼운 결합조직과 같은 딱딱한 조직을 절개하거나, 조직을 둔성분리할 때 사용한다.

② 메첸바움 가위(Metzenbaum scissors): 지방이나 얇은 근육 등의 조직을 절개하거나, 조직을 둔성분리하는 등 섬세한 작업에 사용한다. 실을 자르면 날의 선단이 망가지게 되므로, 필요한 경우 원하는 조직을 자르는 것이 되지 않으므로, 실을 자르는 용으로는 사용해서는 안 된다.

– 섬세한 날에 손상이 갈 수 있으니 봉합사 커팅에는 사용 금지

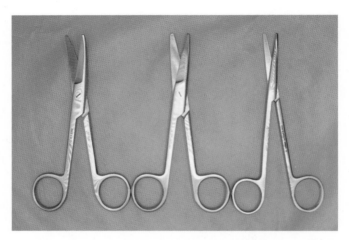

그림 2.10 curved Mayo scissors(왼), straight Mayo scissors(가운데),
Metzenbaum scissors(오른)

③ 붕대 가위(Bandage scissors): 포대 혹은 신축성 있는 밴드 절단용으로 사용한다.

④ 봉합사 가위(Spencer stitch scissors): 피부에 봉합한 봉합사를 절단할 때 사용한다. 와이
어 절단에는 사용해서는 안 된다.

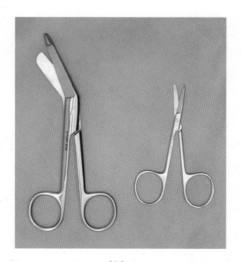

그림 2.11 Bandage scissors(왼), Spencer stitch scissors(오른)

3 니들 홀더 Needle Holder

지침기(持針器)는 봉합을 하는 경우, 굴곡진 봉합침을 잡거나, 봉합사를 결찰할 때 사용한다. 침의 크기에 따라 잡는 지침기의 크기는 달라진다. 니들 홀더에 비해 침이 작으면 침을 무는 부분이 커서 봉합하기에 충분한 공간 확보가 안 되거나 침이 휠 수 있으며, 반대로 지침기에 비해 침이 너무 크면 침을 무는 힘이 약해서 봉합하는 도중에 바늘이 쉽게 돌아가거나 빠질 수 있다. 그 크기가 서로 맞지 않으면 지침기에 손상을 줄 수 있으므로, 주의해야한다. 침의 실이 달려 있는 부분으로부터 1/3 지점을 물도록 한다. 수의사에게 전달하기 전에 지침기가 잘 작동하는지, 락킹은 잘 걸리는지, 턱에 니들은 잘 물렸는지 등을 확인을 하고 전달한다.

① 메이요-헤가 니들홀더(Mayo-Hegar needle holder): 봉합 시 사용하는 지침기이다.

② 올슨-헤가 니들홀더(Olsen-Hegar needle holder): 지침기 턱 아래의 날에 가위가 동반되어 있어 봉합사를 절단하는 가위를 따로 사용하지 않아도 된다. 수술자 한 명이 실을 결찰하고 실을 자르는 것이 가능하나, 의도하지 않은 봉합사를 자르는 경우가 있으므로 주의한다.

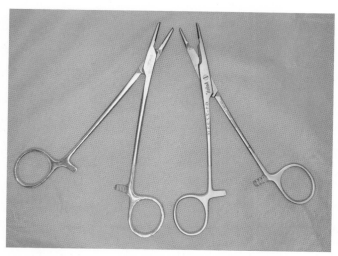

그림 2.12 메이요-헤가 Mayo-Hegar 니들홀더(왼), 올슨-헤가 Olsen-Hegar 니들홀더(오른)

③ 매튜 니들홀더(Mathieu needle holder): 손잡이 끝에 ratchet lock이 있으며, 스프링 형태로 계속 잡고 누름으로써 락과 해제가 가능하다. 봉합 시 강한 힘으로 봉합침이 지나가도록 하는 것은 가능하나, 정확성이 떨어진다.

④ 카스트로비에조 니들홀더(Castroviejo needle holder): 안과 수술용으로 사용한다.

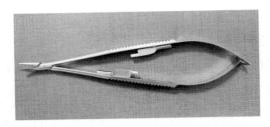

그림 2.13 카스트로비에조 니들홀더(Castroviejo needle holder)

4 겸자(포셉): 유구/무구

(1) 겸자(Forceps)

작은 물체 및 조직을 집어 올릴 때, 혹은 조직을 분리할 때 사용한다.

① 드레싱 포셉(dressing forceps): 이빨이 없으며, 거즈 등으로 드레싱할 때 사용하는 보편
적인 핀셋(pincette)이다.

② 브라운-에디슨 포셉(Brown-Adson forceps): 선단이 약간 넓으며, 끝에는 이빨이 있다.
봉합 시 상처를 닫을 경우 사용하기 때문에 조직과 침을 잡는 데 용이하다. 썸포셉
(thumb forceps)이라고도 불리고, 수술 시 일반적으로 사용한다. 조직을 잡는 부분이 장
축으로 이빨(teeth, 7x7)로 되어 있어 비교적 강하게 조직을 잡을 수 있다.

③ 에디슨-드레싱 포셉(Adson-dressing forceps): 선단 부분이 톱니모양(serrated)으로 이루
어져 있어(무구), 섬세한 조직 혹은 손상을 주지 않고 조직 등을 잡을 경우 사용한다.

④ 에디슨-조직 포셉(Adson-Tissue forceps): 선단(tip) 부분에 이빨(teeth, 1x2)이 있으며(유
구), 봉합 시 니들을 잡거나 피부나 근막 등을 잡을 때 사용한다.

⑤ 데바키(DeBakey atraumatic forceps): 턱(jaws)의 선단이 얇고 길며, 세로 홈 사이에 미세
톱니 모양이 있으며, 혈관외과 및 장관종양 등의 점막을 다룰 때 사용한다.

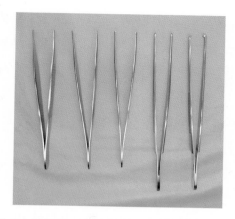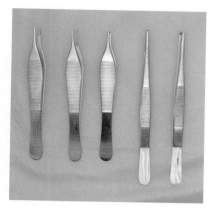

그림 2.14 Brown-Adson forceps(왼), Adson-dressing forceps(무구), Adson-Tissue forceps(유구),
Dressing forceps(무구), Dressing forceps(유구)(오른)

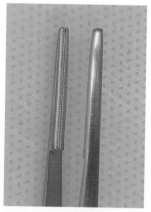

그림 2.15 데바키 포셉 내측

(2) 지혈 겸자(Hemostat Forceps)

혈관이나 조직을 잡아서 출혈을 억제하는 역할을 하며, 손잡이 부분에 래칫(ratchet)이 있다. 날의 형태로는 가위처럼 직과 곡이 있으며 날 부분에는 횡(가로) 방향의 도랑(톱니)이 있다. 아래의 지혈목적에 따라 종류별로 사용한다.

• 혈관을 닫는다.

• 조직의 출혈을 멈춘다.

• 조직을 좌멸시켜 지혈한다.

• 혈관을 눌러 지혈한다.

① 할스테드 모스키토 포셉(Halsted-mosquito forceps): 소형 겸자로 직/곡의 턱의 선단이 짧고 얇아지는 것이 특징이며, 작은 혈관의 지혈에 사용한다.

② 켈리 포셉(Kelly forceps): 중형 겸자로 직/곡의 턱의 선단에서부터 약 1/2~2/3 부분까지 가로톱니 모양으로 이루어져 있으며, 큰 혈관의 지혈에 사용한다. 앞 톱니 부분으로는 강하게 고정하는 데 사용하고 톱니 없는 부분으로는 약한 조직을 잡는 데 사용한다.

③ 크라일 포셉(Crile forceps): 중형 겸자로 직/곡의 턱의 모든 면이 가로톱니 모양으로 이루어져 있으며, 큰 혈관의 지혈에 사용한다.

④ 로체스터 핀 포셉(Rochester-Pean forceps): 대형 겸자이며, 가로톱니가 있다. 큰 조직이나 혈관을 다룰 때 사용한다.

⑤ 로체스터 옥스너 포셉(Rochester-Ochsner forceps): 대형 겸자이며, 가로톱니가 있고 선단에 이빨(teeth, 1x2)이 있다. 주로 정형외과 수술에 사용한다.

⑥ 로체스터 카말트 포셉(Rochester-Carmalt forceps): 대형의 좌멸겸자이다. 세로톱니와 함께 선단에는 미끄러지지 않도록 세로톱니가 있다. 일반적으로는 OHE(난소자궁적출술) 수술 시 결찰 전, 난소인대와 자궁체부를 좌멸하는 때에 사용한다.

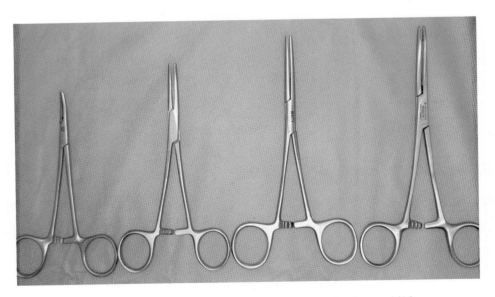

그림 2.16 할스테드 모스키토 포셉(Halsted-mosquito forceps)(왼),
켈리 포셉(Kelly forceps), 크라일 포셉(Crile forceps),
로체스터 카말트 포셉(Rochester-Carmalt forceps)(오른)

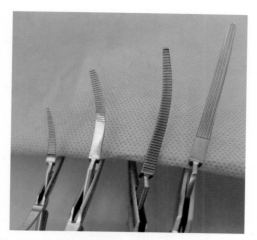

그림 2.17 내부 모양: 할스테드 모스키토 포셉(Halsted-mosquito forceps)(왼),
켈리 포셉(Kelly forceps), 크라일 포셉(Crile forceps),
로체스터 카말트 포셉(Rochester-Carmalt forceps)(오른)

⑦ 사틴스키 포셉(Satinsky forceps)

⑧ 라이트 앵글 포셉(right angle forceps)

⑨ 수술용 클립(surgical clips(HemoClips®))

⑩ 불독 클램프(Bulldog Clamps)

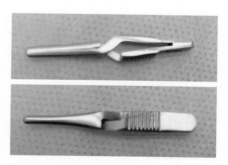

그림 2.18 불독 클램프(Bulldog Clamps)

(3) 조직 겸자(Tissue Clamp Forceps)

물건을 잡거나 견인하기 위해 사용한다.

① 엘리스 포셉(Allis forceps): 선단이 넓어지며 이빨이 있어 조직을 잡기에 용이하나, 잡
은 조직을 눌러서 손상시킬 수 있다.

② 밥쿡 포셉(Babcock forceps): 선단이 넓어지며, 넓어진 선단에 도랑이 패여 공간이 비어 있다. 위, 장, 방광 등의 섬세한 조직에 사용한다. 선단에 걸리는 압력이 약하므로 조직의 상처가 적으나, 조직을 실제 세게 잡지는 않는다.

그림 2.19 엘리스(Allis) 겸자(왼), 밥쿡(Bobcock) 겸자(오른)

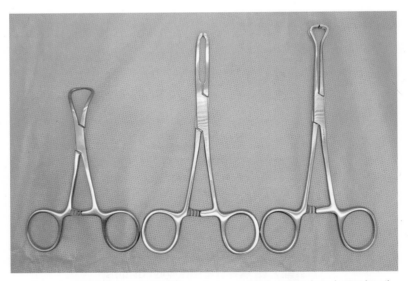

그림 2.20 바크하우스 타월 겸자(Towel clamps)(왼), 엘리스(Allis) 겸자(중간),
밥쿡(Bobcock) 겸자(오른)

③ 장 겸자(Intestinal forceps): 장관을 잡기 위해 턱의 길이가 길며, 직/곡의 모양이 있다. 종류에는 메이오 롭슨(Mayo Robson)과 도엔(Doyen) 장겸자가 있다.

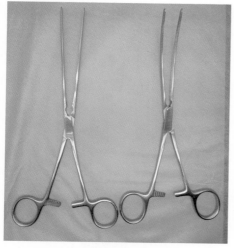

그림 2.21 Mayo Robson Intestinal 겸자
straight(왼), curved(오른)

그림 2.22 Mayo Robson Intestinal
겸자 내부

(4) 타월 겸자(Towel Clamps): 수술포와 피부 고정

① 바크하우스 타월 클램프(Backhaus towel clamps): 선단이 얇고 굴곡지며 날카롭다. 타올이나 드레이프를 동물환자에 고정할 때 사용한다. 천공이 된다.

② 로나(에드나) 타월 클램프(Lorna(Edna) towel clamps): 선단이 넓어지며 구형 부분이 있어 조직에 깊게 천공되지 않는다.

5 견인기 Retractors

견인기(리트렉터)는 수술 창의 시야를 확보하기 위한 기구로 hand-held retractors와 self-retaining retractors, 두 가지로 분류된다.

(1) 견인기(hand-held Retractors)

개창 부분에 기구를 손으로 잡고 조직을 붙들고 끌어당긴다. 그렇기 때문에, 수술보조자는 좌우대칭으로 일정한 장력으로 조직을 잡고 있어야 한다.

① 센 리트렉터(Senn retractor): 양쪽 끝의 형태가 다르며, 한쪽은 매끄럽고, 반대측은 3개의 갈고리 형태이다. 일반적으로 피부, 지방, 근육을 잡는 데 사용한다.

② 라그넬 리트렉터(Ragnell retractors): 양쪽 끝의 형태가 비슷하게 매끄럽다.

③ 레이 리트렉터(Lahey retractors): 한쪽에는 손잡이 부분이 있어, 갈고리가 달린 다른 한쪽 끝으로 잡아당긴다.

④ 후크(hook): 스페이 후크(spay hook)라고도 불리는 후크는 선단이 후크 모양으로 되어 있는 리트렉터로, 난소절제술이나 난소자궁적출수술에 자궁이나 난소를 탐색할 때 사용한다.

그림 2.23 센 리트렉터(Senn Retractor)

그림 2.24 난소절제술 혹은 난소자궁적출 후크(Hook)

(2) 개창기(Self-retaining Retractors)

핸들과 락(잠금) 기능이 있어 원하는 부위에 고정하여 그 위치로 연속하여 정치(定置) 가능하다.

① 겔피 리트렉터(Gelpi retractors): 선단이 날카롭고, 날 부분에 굴곡이 있다. 일반적으로는 근육의 견인에 사용한다. 정형외과, 신경외과에서 사용된다.

② 웨이트라이너 리트렉터(Weitlaner retractors): 선단이 3개의 갈고리처럼 되어 있으며, 선단 부분이 꺾여 있다. 일반적으로는 근육의 견인에 사용한다. 정형외과, 신경외과에서 사용된다.

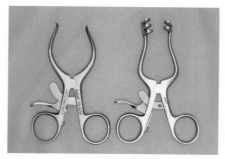

그림 2.25 겔피 리트렉터(Gelpi retractors)(왼), 웨이트라이너 리트렉터(Weitlaner retractors)(오른)

③ 피노치토 흉부 개창기(개흉기)(Finochietto retractors): 래칫(ratchet)이 있으며, 단단히 고정하는 것이 가능하기 때문에 강력한 견인이 가능하다. 늑골을 견인하기 위해 사용한다.

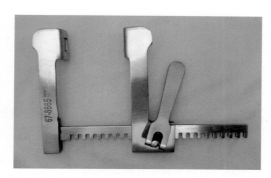

그림 2.26 피노치토 흉부 개창기(개흉기)(Finochietto retractors)

④ 밸푸어 복부 개창기(개복기)(Balfour retractors): 2개의 와이어 같은 고리와 하나의 스푼과 같은 고리가 붙어 있는 개창기이다. 복벽을 잡기 위한 도구이다.

6 석션 팁 Suction Tips

혈액 등의 액체를 흡인하기 위한 기구로, 석션기(흡인기)의 튜브에 연결하여 사용한다.

(1) 양카 석션 팁(Yankauer)

혈액, 삼출물, 누출물, 세정액 흡인 등의 일반적인 흡인에 사용한다.

(2) 후레이저 석션 팁(Frazier Suction Tip)

외과 혹은 신경외과에서 자주 사용한다. 선단이 얇으므로 세밀한 작업을 할 때 사용한다. 석션이 수평단면으로 잘려있고 손잡이 부분에 구멍이 있어 세기 조절 가능하며, 얇은 철사로 막힌 석션을 뚫을 수 있고, 중간이 구부러져 있어서 수술 부위 접근성을 높인다.

(3) 풀 석션 팁(Poole Suction Tip)

일반외과에서는 풀 석션 팁(Poole suction tip)을 주로 사용한다. 석션 팁은 가장 아래쪽과 양쪽 구멍 2개, 총 3개 구멍으로 석션이 가능하다. 체액, 보비(Bovie) 연기도 석션이 가능하다. 석션캡(Suction cap)은 내장이 석션에 달라붙어 튜브가 막히는 것을 방지한다.

(4) 아이켄 앤트럼 캐뉼라(Eicken Antrum Cannula)

다양한 각도가 있으며, 석션 튜브에 연결하여 염증 조직을 제거할 때 주로 사용한다. 생리식염수를 채운 주사기를 연결해서 코 안쪽을 세척할 때도 사용하며, 가장 각도가 구부러져 있는 석션 팁이다(예: 말레어블 석션 팁(Malleable)).

03 정형외과 수술도구 Orthopaedic Surgical Instruments

(1) 본 포셉(Bone Forceps)

골포셉은 뼈, 뼛조각을 잡기 위해 사용한다. 락이 걸리는 골지침기이다. 너트로 핸들부를 닫아서 사용한다.

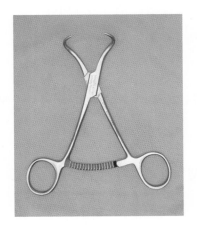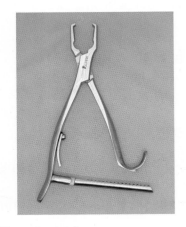

그림 2.27 본 포셉(Bone forceps)

(2) 본 론저(Bone Rongeur)

뼈, 연골, 섬유조직과 같이 고밀고의 조직을 긁어서 제거하는 때에 사용한다.

① 더블액션 론저(Double-action rongeur): 크고 고밀도의 조직에 대해서 사용한다.

② 싱글액션 론저(Single-action rongeur): 척수 수술로 골제거에 사용한다. 일반적으로 사용 범위가 제한적이다.

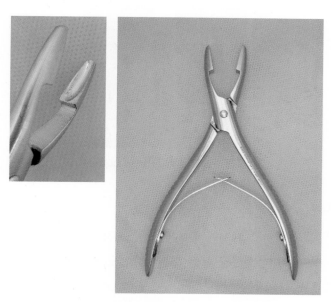

그림 2.28 **싱글액션 론저(Single-action rongeur)**

(3) 골막 거상기(Periosteal Elevator)

골막 거상기는 골의 표면으로부터 골막 혹은 연부조직을 박리하기 위해 사용한다. 핸들의 한쪽, 혹은 양쪽이 칼과 같은 구조를 하고 있다. 날부분은 둔한 부분, 예리한 부분이 있고, 여러 사이즈가 있다. 치아 치주박리 등의 치과 처치에서도 사용이 된다.

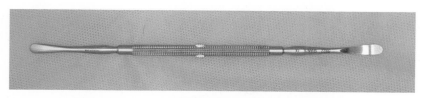

그림 2.29 **골막 거상기(Periosteal elevator, 골막박리기 Freer septum elevator)**

(4) 본 커터(Bone Cutter)

본 커터에는 스프링이 작동되는 압착식 핸들이 있다. 뼈를 절단하고 작은 뼛조각을 제거한다.

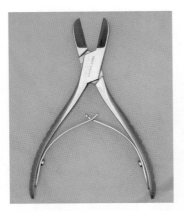

그림 2.30 본 커터(Bone cutter)

(5) 큐렛(Curette)

괴사한 뼈 혹은 병적인 연골을 제거하며, 딱딱한 조직을 긁어내기 위해 사용한다. 또, 골이식을 위해 골수강으로부터 해면골을 긁어내는 때에도 사용한다.

핸들의 일부 혹은 양단의 작은 컵모양의 구조를 하고 있다. 컵의 변연부는 날카롭게 되어 있으며, 컵은 여러 가지 크기가 있다.

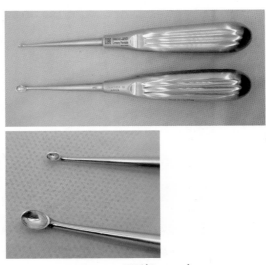

그림 2.31 큐렛(Curette)

(6) 와이어 가위(Wire Scissors) 및 핀 커터(Pin Cutter)

와이어나 핀 절단에 사용한다. 경우에 따라서는 다른 봉합사를 절단하는 경우에도 사용한다.

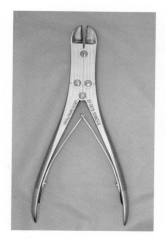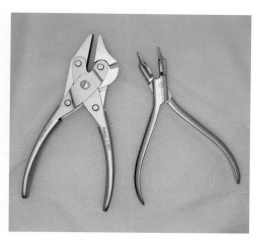

그림 2.32 다양한 형태의 와이어 가위(Wire scissors) 및 핀 커터(Pin cutter)

(7) 호만 본 레버(Hohmann Bone Lever)

단구이며 핸들로 구성되어 있으며, 정형외과나 관절외과에서 뼈 등을 지렛대원리로 들어 올릴 경우에 사용한다.

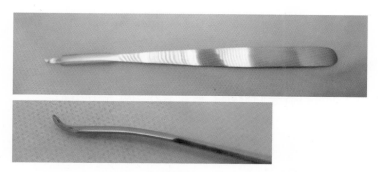

그림 2.33 호만 리트렉터(Hohmann Bone Lever)

(8) 망치와 끌(Mallets and Chisel(Osteotome))

뼈를 자르거나 모양을 만드는 데 사용하는 망치(말렛)와 망치로 힘을 가격하는 끌(치즐)이다.

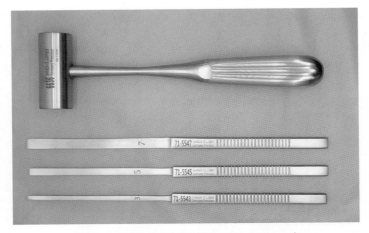

그림 2.34 Mallets and Chisel(Osteotome)

(9) 사지탈 소우(Sagittal Saw)

뼈를 자를 때 사용하는 수동 톱이다.

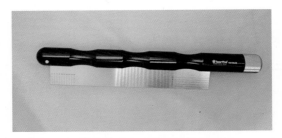

그림 2.35 사지탈 소우(sagittal saw)

(10) 라습(Bone Rasp)

Maltz, Foman, Cottle rasp 등 다양하다. 뼈를 갈기 위한 도구이다.

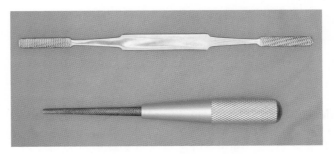

그림 2.36 호만 본 라습(Foman bone rasp)

(11) 와이어(Wire)

스테인리스 와이어로 굵기가 다양하며, 뼈를 수복하고 고정시키는 데 사용한다.

(12) 와이어 트위스터(Wire Twister)

와이어를 고정하거나 강하게 조여줄 때 트위스터 턱에 끼워서 돌려주고 불편함이 없도록 잘라준다.

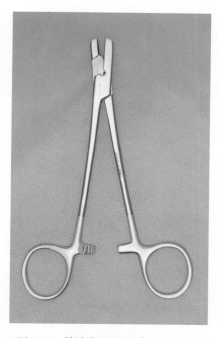

그림 2.37 **와이어 트위스터(wire twister)**

(13) 제이콥스 척(Jacob's Chuck)

확장핸드피스가 있는 제이콥스 핸드척은 골절을 수복하기 위해 핀을 골수 내에 고정하거나 기타 정형외과적 수술 절차를 위한 도구이다.

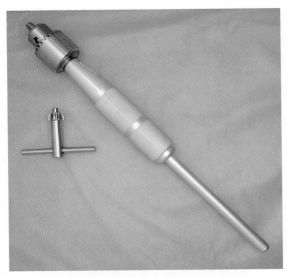

그림 2.38 제이콥스 척(Jacob's chuck)

(14) 본 플레이트(Bone Plate)

본 플레이트는 스테인리스로 제작되었으며, 골절을 정복하고 골편을 고정하는 데 사용한다. 다양한 크기가 있으며, 적용할 뼈와 뼈의 굵기에 따라서 결정한다. 플레이트 구멍에 적절한 스크류(screw)를 박아서 고정한다.

그림 2.39 핀(pin, 수내정) 직경별 다양한 핀 두께

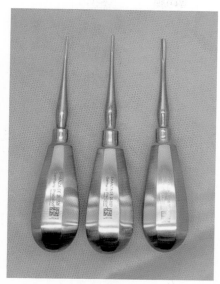

그림 2.40 루트 엘리베이터(Root elevator)
치아를 치주인대로부터 분리하고 올리기(거상)

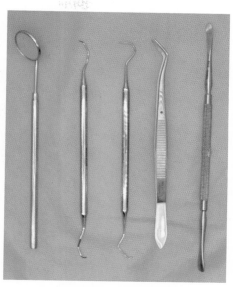

그림 2.41 치과용 도구
구내용 거울(왼), 그레이시 큐렛(Gracey curettes),
익스플로러(explorer), 핏셋, 프리어 골막 거상기
(Freer periosteal elevator)(오른)

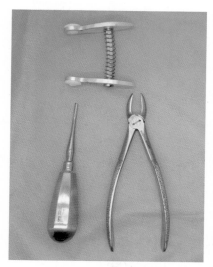

그림 2.42 치과용 수술도구
개구기(위), 치발기(오른아래),
루트 엘리베이터(왼아래)

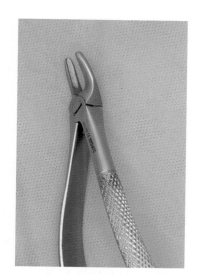

그림 2.43 치과용 수술도구 치발기
(root picker)

안과용 수술도구는 안과 수술 시 사용하며, 작고 민감한 수술을 위해 선단이 상당히 얇고 예민하다.

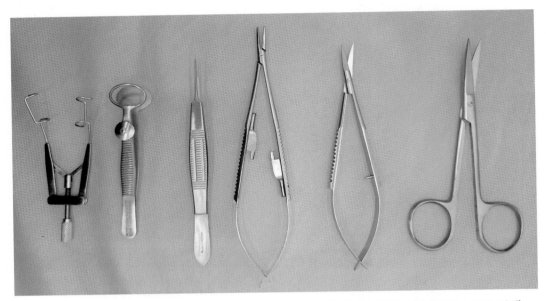

그림 2.44 왼쪽부터 오른쪽 방향으로: 개안기(Lid speculums)(왼), 칼레지온 포셉(산립종 눈꺼풀 검경)
(Chalazion lid speculum(forceps)), 안과용 포셉(Castroviejo forceps), 안과용 니들홀더(Castroviejo
needle holder), 안과용 가위(Castroviejo scissors), 안과용 가위(Iris Scissors)(오른)

06 봉합재료 Suture Material

봉합(suture)은 봉합실과 봉합침을 가지고, 절개면 등을 만나게 하는 것으로 닫아버리는 것을 의미한다. 봉합을 하는 이유는 다음과 같다.

- 절개부 혹은 상처부의 양단을 닫아 합친다.
- 액체가 저류되기 쉬운 개구된 공간 간극을 없앤다.
- 인대의 손상이나 관절이 탈구되어 있는 경우, 닫아서 안정화시킨다.
- 약하게 된 조직을 강화하거나, 묻히게 한다.
- 절단하는 혈관이나 조직을 결찰한다.

1 봉합침 Suture Needles

바늘 선단의 형상에 따른 분류

(1) 환침(Round Needle)

- 바늘 끝의 형태가 둥근 형태인 바늘
- 장, 혈관, 피하 지방과 같은 부드러운 조직 봉합

(2) 각침(Regular Cutting Needle)

- 바늘 끝의 형태가 삼각형 모양으로 각이 진 바늘
- 피부, 안조직, 안면 조직 봉합

(3) 역각침(Reverse Cutting Needle)

- 바늘 끝의 형태가 역삼각형 모양으로 각이 진 바늘
- 강도가 높아, 딱딱한 조직 봉합

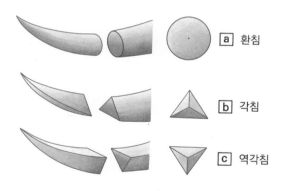

 표기 자리

a 환침

b 각침

c 역각침

그림 2.45 바늘 선단의 형상

2 봉합사 Suture Materials

(1) 이상적인 봉합사의 특징

- 어떤 조직에 대해서도 특징이 변하지 않고, 어떤 수술식에도 사용이 가능한 것
- 취급과 결찰이 용이할 것

- 조직반응을 거의 일으키지 않으며, 세균의 증식을 억제하는 것
- 직경은 작아도 장력은 강하고, 조직이 먹어버리지 않는 것
- 적은 횟수로 확실하게 매듭이 확실히 묶이고, 그리고 그 매듭은 작을 것
- 생산이나 멸균이 용이하며 경제적인 것
- 치유할 때까지 봉합에 포함되는 조직을 확실히 보전하고, 그 후에는 최소한의 조직반응으로 흡수되는 것

(2) 봉합사의 종류

봉합사는 흡수성에 의해 흡수사와 비흡수사로 두 분류로 나뉜다. 또한 소재나 꼬임의 유무에 의해 분류하면 꼬임이 있는 것을 멀티필라멘트, 꼬임이 없는 것을 모노필라멘트라고 한다.

(2)-1 흡수성에 의한 분류

① 흡수사(Absorbable)

생체에서 흡수가 되는 봉합사이다. 대체적으로 60일 이내에 장력을 잃기 때문에 빨리 치료하는 조직이 아니면 사용이 안 된다. 치유되기 전에 실이 흡수되어 버리면, 지장이 생기기 때문이다.

- surgical gut(catcut)
- collagen과 polydioxanone(PDS suture)
- polyglactin 910(vicryl)
- polyglycolic acid(dexon)

② 비흡수사(Nonabsorbable)

시간이 지나도 소재가 약해지지 않기 때문에, 치유가 오래 걸리는 부분이나 당겨져서 찢어질 것 같은 힘이 걸려 있을 것 같은 부분에 사용한다.

- silk
- cotton
- linen
- stainless steel
- nylon(dafilon, ethilon)

(2)-2 꼬임에 의한 분류

① 멀티필라멘트(Multifilament)

대단히 세세한 단섬유를 꼬아서 혹은 눌러서 만들어졌다. 유연성이 있고, 강한 결찰이 가능하나, 소재에 따라서는 현저한 조직반응을 일으키는 경우도 있다.

또한 세균이 봉합사에 들어가기 쉬우며, 감염이 일어나는 경우에는 봉합사를 중심으로 한 난치성 감염이 생기는 경우가 있다.

멀티필라멘트의 합성 흡수 봉합사는 강한 염증반응을 일으키는 경우가 없다. 또한 강도가 비교적 강해, 취급이 쉽기 때문에 확실하고 단단한 매듭을 지을 수가 있다.

② 모노필라멘트(Monofilament)

단일섬유로부터 만들어졌으며, 조직으로의 침습성이 적고, 감염도 생기기 어려운 봉합사이다. 그러나, 원래의 현태로 되돌아가기 쉽기 때문에, 매듭이 풀리기 쉬우며, 취급이 어렵다고 한다. 특히 모노필라멘트 합성 흡수사는 매듭이 풀리기 쉽기 때문에 여러 차례 묶어야 한다.

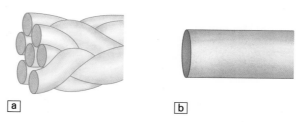

그림 2.46 봉합사 단면 ⓐ 멀티필라멘트 ⓑ 모노필라멘트

(2)-3 소재에 의한 분류

① 견사(실크)

사용이 수월하며, 확실한 매듭을 만드는 것이 가능하다. 격렬한 조직반응이나 모세관작용에 의한 오염을 일으켜, 염증병소가 되는 경우가 있다.

② 스테인리스사

조직반응, 세균의 증식을 일으키지 않고, 장력은 변화하지 않으나, 비틀어지기 쉬워 취급이 어렵다.

③ 나일론사

조직반응을 일으키는 경우는 없으나, 실 자체가 미끄러지기 쉬워 원래의 형태로 돌아가기 쉽기 때문에, 매듭을 만들기 어려운 특징이 있다.

④ 폴리프로필렌사

시간이 경과해도 약해지지 않으며, 영구적인 봉합이 가능하다. 취급이 쉬우나, 원래의 형태로 되돌아가기 쉽기 때문에 매듭을 여러 차례 만들어야 한다. 또, 심한 조직반응을 일으키지 않는다.

⑤ 중합카타프로락탐사

장력이 강한 실이다. 심한 조직반응은 일어나지 않지만, 어떠한 경우는 감염 병소가 된다.

⑥ 장사(Surgical Gut)

수장사는 양, 소의 소장 장막으로부터 만들어진 천연흡수사이다. 현재는 우해면상뇌증(BSE) 등의 문제로부터 거의 사용되지 않는다.

(3) 봉합사를 고를 때의 주의점

큰 사이즈(두꺼운)의 봉합사를 사용했다고 수술 부위가 좋아진다는 것이 아니며, 오히려 조직을 과압박하는 경우가 될 수 있으므로, 적당한 사이즈의 봉합실을 선택하는 것이 중요하다.

합성흡수사의 흡수 일수와 봉합에 사용해서 조직에 흡수될 때까지 일수가 약 60일 전후의 것, 약 90일 전후의 것, 약 6개월 후의 것 등으로 나눠볼 수 있다.

또한 봉합사는 생체에 따라서는 이물이기 때문에 조직반응을 일으킬 수 있다. 조직반응이 심한 순으로 나열하면, ① 천연소재 멀티필라멘트 ② 합성 멀티필라멘트 ③ 합성 모노필라멘트가 된다.

(4) 봉합사의 관리

• 멸균방법
멸균방법은 에틸렌옥사이드(EO)가스에 의한 가스멸균, 혹은 감마선 멸균이 가능하다.
일회용 봉합사는 멸균이 되어 시판되고 있다. 사용기한이 짧은 물품일수록 가까운 시일에 사용하여 먼저 소진하도록 선반 앞에 배치시킨다.

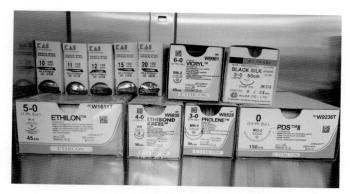

그림 2.47 봉합사와 수술용 매스

표 2.1 봉합사의 종류

합성흡수사	멀티필라멘트		DEXON® II , VICRYL®, Synthe Sorb, 서지클 등
	모노필라멘트		MAXONTM, PDS® II , Mono Synthe, MONOCRYL®, BIOSYNTM 등
비흡수사	합성	멀티필라멘트	ETHIBOND®, SURGILONTM 등
		모노필라멘트	나일론, PROLENE®, 모노프렌 등
	천연	멀티필라멘트	실크브레드 등
		모노필라멘트	서지컬와이어 등

③ 스테이플러 Stapler

• 의료용 스테이플러(Stapler, 지철기)

스킨스테이플러는 피부를 봉합할 때, 종래의 봉합사를 사용하지 않고 봉합이 가능하다. 1회 잡아당기면, 하나의 스테이플(침)이 나와서 피부를 닫아주게 된다. 봉합 시간의 단축이 가능하며, 마취 시간을 단축할 수가 있다.

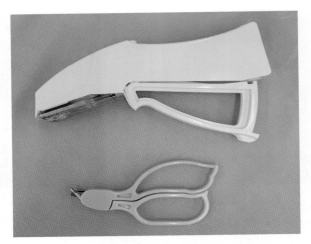

그림 2.48 의료용 스테이플러(위)와 스테이플리무버(아래)

연부조직에 사용하는 2열 이상의 스테이플러도 있으며, 결찰과 절단을 동시에 할 수 있는 스테이플러도 있다.

수술 전 준비

Preoperative Preparation

수술 전 준비
Preoperative Preparation

📖 **학습목표**

‣ 수술 과정에서의 외과동물보건사의 역할에 대해 이해한다.

‣ 멸균기법에 대해 이해한다.

‣ 수술 전 동물환자를 준비하고 스크럽 할 수 있다.

‣ 수술팀 스태프의 수술 전 준비를 할 수 있다.

---

01 외과 동물보건사의 역할 Roles of the Surgical Nurse

외과 동물보건사는 기본적으로 어떤 수술을 하는지 이해가 필요하며, 필요한 수술기구를 준비해주거나, 지혈, 동물보정, 술야 확보, 기타 수술자가 지시하는 사항을 이해하여야한다. 이들의 역할에 따라 다음과 같이 분류할 수 있다.

1 순환 동물보건사 Circulating Nurse

수술 시작에서 종료까지 수술이 원활히 진행되도록 동물 감시, 물품 지원 등의 업무를 진행하며, 수술 절차의 효율성, 안전성 및 전체적인 성공을 유지하는 데 중요한 역할을 한다. 따라서 다음과 같은 역량이 필요하다.

• 커뮤니케이션: 다양한 수술팀 구성원 및 다른 부서와 효과적으로 소통

• 세심한 주의: 안전과 준수를 보장하기 위해 세심하게 조직하고 문서화하는 능력

• 문제 해결: 수술 중 발생하는 문제를 신속하게 해결할 수 있는 능력

• 적응성: 수술 중 변화하는 상황과 필요에 유연하게 적응할 수 있는 능력

• 임상 지식: 수술 절차, 환자 치료, 수술실 프로토콜에 대한 깊은 이해

[순환 동물보건사의 역할]

1. 수술 전 준비

- 환자 확인: 올바른 환자가 올바른 절차를 받는지 확인한다. 환자 아이디, 절차, 수술 부위를 확인한다.
- 수술실 준비: 필요한 장비, 기구, 소모품을 세팅하여 모든 것이 멸균되고 제자리에 있는지 확인한다.
- 팀 조정: 수술팀이 절차 시작 전에 필요한 모든 정보와 장비를 갖추도록 한다.
- 문서화: 수술 전 문서, 동의서, 환자 차트를 확인한다.

2. 수술 중

- 환경 관리: 수술실이 정돈되고 오염이 없는지 확인하여 멸균 상태를 유지한다. 환경을 관리하고 모니터링하여 안전한 공간을 확보한다.
- 공급 및 장비 관리: 수술팀의 요청에 따라 추가적인 소모품, 기구, 약물을 조달하고 관리한다. 모든 장비가 제대로 작동하는지 확인하고 발생하는 문제를 해결한다.
- 환자 옹호: 수술 동안 환자의 상태(심박수, 체위 등)를 모니터링하고 환자의 안전과 편안함을 보장한다.
- 문서화: 수술 중 모든 관련 세부사항(시작 및 종료 시간, 절차 변경, 합병증 등)을 기록한다.

3. 수술 후 업무

- 수술 후 관리: 환자가 수술실에서 회복실로 안전하게 이송되도록 하고, 회복실 직원에게 필요한 수술 후 지침과 치료 계획을 전달한다.
- 청소 및 멸균: 수술실과 기구의 청소 및 소독을 감독하여 다음 절차를 위해 준비된 상태를 유지한다.

2 수술 동물보건사 Scrub Nurse

수술이 원활히 진행될 수 있도록 멸균 가운, 모자, 마스크, 장갑을 착용하고 멸균 영역에서 수술자의 수술을 직접 보조하는 역할을 한다. 수술 동물보건사는 수술 절차의 성공과 안전에 필수적인 역할을 담당한다. 수술실의 넓은 환경과 물류를 관리하는 순환 동물보건사와는 달리, 수술 동물보건사는 수술실의 멸균 구역에 직접 관여한다. 수술포 덮기, 수술기구대에 기구 배치, 수술자에게 직접 기구 전달, 조직을 견인 및 보정, 수술 전후 거즈, 봉합바늘 수량 체크 등 수술 동물보건사는 수술실에서 멸균 환경을 유지하고 수술 팀을 지원하는 데 필수적인 역할을 한다. 수술 절차 전반에 걸쳐 높은 수준의 기술과 세심한 주의, 수술 팀의 필요를 예측하고 대응할 수 있는 능력이 요구된다. 따라서 다음과 같은 역량이 필요하다.

- 세심한 주의: 멸균기구를 다루고 멸균 영역을 유지하는 데 필요한 정밀함
- 손재주: 수술 중 섬세한 기구와 재료를 다루는 능력
- 커뮤니케이션: 수술 팀과 효과적으로 소통하고 그들의 요구에 신속하게 대응할 수 있는 능력
- 문제 해결: 수술 중 발생하는 문제나 합병증을 해결할 수 있는 능력
- 수술 절차에 대한 지식: 다양한 수술 절차와 사용되는 기구 및 소모품에 대한 포괄적인 이해

[수술 동물보건사의 역할]

1. 수술 전 준비

- 멸균 필드 준비: 멸균 드레이프, 기구, 수술에 필요한 소모품을 배치하여 멸균 필드를 설정. 모든 것이 멸균 상태로 제대로 정리되었는지 확인
- 기구 멸균 확인: 사용하기 전에 모든 기구와 소모품이 멸균 상태인지 확인. 절차의 요구 사항에 맞게 준비
- 환자 준비 보조: 환자의 위치를 잡고, 멸균 시트를 덮는 등 환자 준비

2. 수술 중

- 멸균 상태 유지: 수술 중 멸균 필드가 유지되도록, 멸균기구와 소모품을 오염시키지 않도록 모니터링
- 외과 수의사 보조: 기구, 봉합사 및 기타 재료를 전달하여 외과 수의사를 직접 지원
- 검체 취급: 수술 중 채취된 검체를 적절히 다루고 레이블을 붙여 추가 분석이나 병리학을 위해 준비
- 모니터링: 수술 구역의 오염 가능성을 관찰하고 즉시 대응. 수술 팀이 모든 멸균 기술을 따르고 있는지 확인
- 문서화: 절차와 관련된 세부사항, 즉 기구 사용, 중요한 사건이나 변화 등을 포함하여 기록

3. 수술 후 업무

- 상처 봉합 보조: 상처를 봉합하는 과정에서 봉합사나 스테이플을 다루고 전달
- 기구 취급: 기구를 청소하고 멸균 또는 폐기를 위해 준비
- 수술 후 청소: 멸균영역을 청소하고 오염된 재료를 버리거나 기구 교체

<table>
<tr><td>용어 정의</td></tr>
</table>

- **방부(Antisepsis)**

신체 조직과 체액에서 미생물의 성장이나 증식을 배제, 파괴 또는 억제하여 패혈증을 예방하는 것

- **방부제(Antiseptics)**

미생물을 죽이지 않고 미생물의 성장을 억제하여 패혈증을 퇴치하는 무기 화합물

- **무균(Asepsis)**

질병을 일으키는 미생물이 없는 상태

- **무균 기법(Aseptic Technique)**

미생물에 의한 오염을 방지하는 방법

- **장벽(Barrier)**

미생물의 이동이나 전파를 줄이거나 억제하는 데 사용되는 재료, 즉 수술 복장, 수술포, 기기 보관장, 환기 필터 등

- **오염(Contaminated)**

미생물을 운반하거나 감염됨

- **교차 오염(Cross-contamination)**

환자에서 환자로 또는 무생물에서 환자로 미생물이 전파됨

- **오염 제거(Discontamination)**

오염된 품목을 안전하게 취급할 수 있도록 수행하는 세척 및 소독 또는 살균 공정

- **소독(Disinfection)**

병원균의 화학적 또는 기계적(마찰) 파괴

- **멸균(Sterile)**

살아있는 유기체가 없는 상태

- **멸균 기법(Sterile Technique)**

수술 과정 전체에 걸쳐 멸균 영역을 유지하기 위해 미생물 오염을 방지하는 방법

감염(Infection)은 수술과 관련하여 가장 치명적이고, 위험한 합병증 중 하나이다. 수술실 감염은 수술 중이나 입원 중 언제든지 발생할 수 있다. 수의사와 동물보건사 등 진료 스태프는 의원성 감염 위험을 줄이기 위해 가능한 모든 조치를 취해야 한다. 무균(asepsis)과 멸균(sterilization) 등 동물의료 현장에서 외과 동물보건사가 알아야 할 몇 가지 용어에 대해 용어 정의 박스를 참고하도록 한다. 무균 상태는 질병을 유발하는 미생물이 없는 것이고, 멸균 상태는 살아있는 모든 미생물이 없는 것으로 정의할 수 있다. 따라서 수술실은 멸균 상태를 유지해야 하며, 병원 전체는 무균 상태를 유지해야 한다. 동물병원 전체에 살아있는 모든 미생물을 완전히 없앨 수 없지만, 무균 기법을 사용한다면, 동물환자, 동물환자 보호자, 동물병원 스태프를 보호하고, 감염 위험을 줄일 수 있기 때문이다. 사람에게서 동물환자로 오염원이 전파되는 방식으로 공기 중, 비말, 접촉이 있다. 공기 중 및 비말 유형의 미생물 전파는 사람 병원에서는 흔하지만, 역인수공통감염병(사람에서 동물로 질병이 전파되는 것) 발생률이 낮으므로, 동물병원에서는 덜 흔한 편이다. 동물병원에서는 동물환자 또는 환경에 존재하는 오염원 접촉으로 인해 병원 미생물이 전파가 흔히 발생할 수 있다. 피부 또는 구강 내 오염원이 수술 중 접촉으로 인해 환자의 수술 부위로 전파될 수도 있다. 이와 관련한 오염원을 다음과 같이 분류할 수 있다.

- 동물 유래: 피부, 털, 비인두, 외음부나 항문 주위
- 무생물 유래: 감염성 유기물을 운반할 수 있는 매개물(fomite)로는 동물병원 구조(벽, 바닥 등), 가구, 장비, 임플란트, 세척 장비가 포함될 수 있다.
- 공기 유래: 대부분 동물 유래 및 무생물 유래 미생물이 공기 중 존재하는 것으로, 수술 부위 오염의 원인으로 상당한 비율을 차지한다.

멸균은 조직과 직접 접촉하거나 혈관에 들어가는 기구(예: 기구, 드레이프, 카테터, 바늘)에 있는 모든 미생물(세균, 바이러스, 포자)을 제거하는 것이다. 소독(disinfection)은 무생물에 존재하는 대부분의 병원성 미생물을 파괴하는 것이고, 방부(antisepsis)는 생물에 존재하는 대부분의 병원성 미생물을 파괴하는 것이다. 따라서, 필요한 소독 또는 멸균 수준은 의료 기구 또는 의료 기기의 용도에 따라 달라진다. 모든 침습적 시술은 동물환자의 멸균된 조직이나 점막과 접촉하기 때문에, 이때 사용되는 의료 기구나 기구는 적절한 소독 및 멸균을 이용해야 한다. 몸을 관통하지 않고 피부나 점막에 접촉하는 장비는 미생물 수를 줄이기 위해 세

척과 소독을 해야 하지만 무균작업은 필요하지 않다. 방부제(antiseptics)는 동물환자의 수술할 부위의 피부에 존재하는 미생물을 죽이기 위해 사용할 수 있다. 그러므로 피부는 멸균상태는 아니다. 세척(cleaning)은 일반적으로 표면의 오염물질을 물리적으로 제거하는 것으로, 일반적으로 세제, 비누, 물, 초음파 등을 사용할 수 있다. 세척은 먼지와 세균을 물리적으로 제거할 수 있지만, 바이러스나 세균을 죽이거나 불활성화시킬 수는 없다. 멸균 기법과 별개로, 기구는 수술 후 가능한 한 빨리 수동으로 또는 초음파 세척 장비와 적절한 소독제로 세척해야 하고, 린넨(linen) 제품(예: 타월, 가운, 커튼 등)에 존재하는 심한 오염은 세탁하여 제거해야 한다.

• 세척(Cleaning)

수술기구를 사용한 후에는 혈액이나 기타 이물질이 마르고, 덩어리지지 않도록 가능한 한 빨리 세척해야 한다. 멸균을 방해하는 유기 물질과 무기염을 제거하기 때문에 중요한 단계이다. 세제 또는 효소 세척제가 포함된 물을 사용하며, 기계적으로(예: 초음파 세척기, 식기 세척기, 주방 기구 세척기/소독기) 또는 수동으로 수행할 수 있다.

• 소독(Disinfection)

고수준 소독제(high-level disinfection)는 침지 또는 저온 살균을 통해 일부 세균을 제외한 모든 미생물을 제거할 수 있다. 저수준 소독제(low-level disinfection)는 영양세포(vegetative) 세균과 일부 바이러스 및 곰팡이를 제거할 수 있지만, 일반적으로 포자(spores)나 결핵균(mycobacteria)은 죽이지 못한다. 소독제에는 70~90% 에틸알코올(ethyl alcohol), 과산화아세트산-과산화수소(peracetic acid-hydrogen peroxide), 글루타르알데히드(glutaraldehyde), 과산화수소(hydrogen peroxide), 2% 개선된 과산화수소(improved hydrogen peroxide), 오르토프탈알데히드(orthophthalaldehyde), 과산화아세트산(peracetic acid), 에틸렌옥사이드(ethylene oxide, EO), 중금속 이온(heavy metal ions) 또는 염료(dyes)가 있다.

• 멸균(Sterilzation)

멸균할 기구와 장비 자체 또는 이들에 존재하는 미생물의 수, 유형 및 저항성 정도에 따라 적절한 멸균 방법이 선택되어야 한다. 장비나 기구를 멸균하는 방법으로 고온 또는 저온을 이용한 방법과 액체 침지(liquid immersion)법이 있다. 일반적으로 사용되는 멸균 기술은 고온(high temperature)을 이용한 방법으로 고압증기멸균(steam autoclave) 또는 건열멸균법(dry heat)이 대표적이다. 이 방법은 내열성이 있는 주요 수술기구들에 사용할 수 있지만, 고압증기멸균(steam autoclave)의 고온 및 습기로 인해 사용이 제한적이며, 건열멸균기 또한 대부분 기기에서 견딜 수 없는 높은 온도로 인해 사용하기 어려울 수 있다. 따라서, 열에 민감한 주요기구들은 저온멸균법(예: EO 가스, 과산화수소 가스 플라즈마, 과산화수소 및 오존, 과산화수소 증기 등)으로 대체할 수 있다. 액체 침지(liquid immersion)법은 글루타르알데히드, 페놀이 포함된 글루타르알데히드 및 다양한 농도의 과산화수소와 같은 화학 멸균제를 사용하는 것이다. 과산화아세트산 멸균제는 수술기구에 직접 사용하므로, 멸균되지 않은 물로 헹굴 경우 효과가 제한적이다. 고온가압 상태의 증기(steam)를 이용하면 내열성 의료용품 및 포장재를 실용적이고, 효과적으로 멸균할 수 있다. 이 증기는 응고 및 세포 단백질 변성을 통해 알려진 모든 미생물을 빠르게 파괴한다. 모든 살아있는 미생물을 파괴하려면 온도, 압력 및 노출 시간이 적절해야 하며, 일정한 온도와 압력으로 물을 끓여 증기를 발생시키는 데 사용되는 장치를 오토클레이브(autoclave)라고 한다. 호열성, 호기성 및 혐기성 미생물의 포자는 습열에 내성이 매우 강하고, 바이러스 입자는 포자보다 증기 살균에 더 취약한 편이다.

1 멸균 및 세척 방법의 종류 및 특징 Types and Characteristics of Sterilization and Cleaning

(1) 중력 변위 멸균(Gravity Displacement Sterilization)

동물병원에서 가장 일반적으로 사용되는 고온증기 멸균기로 멸균하는 방법이다. 공기가 증기보다 무겁다는 원리에 따라 작동한다. 멸균할 용품을 고온증기 멸균기 내부 챔버에 넣고, 바깥쪽 챔버의 가압 증기가 내부 챔버로 들어가 용품을 둘러싼다. 내부 챔버의 공기는 중력에 의해 아래로 끌려가 온도 감지 밸브를 통해 빠져나간다. 증기가 축적되고 온도가 상승하면 증기 방출 밸브가 닫히게 되고, 미생물을 사멸시킨다. 일반적으로 이 절차는 121℃, 1~1.5기압, 20~30분의 시간이 소요된다.

(2) 진공 살균(Pre-vacuum Sterilization)

진공 살균기는 공기를 내부 챔버에서 적극적으로 끌어내어 진공을 생성한다. 증기를 챔버에 주입하여 공기를 대체한다. 이 살균 방법은 중력 변위 살균기보다 짧은 시간에 더 많은 증기를 침투시킬 수 있다.

(3) 순간 멸균(Flash Sterilization)

즉시 사용(immediate-use) 또는 긴급(emergency) 멸균이라고도 하며, 순간 멸균은 포장하지 않은 비멸균 기구를 신속하게 멸균해야 할 때 사용할 수 있는 방법이다.

(4) 에틸렌옥사이드 멸균(Ethylene Oxide Sterilization)

일반적으로 30℃에서 60℃ 사이의 저온에서 에틸렌옥사이드(EO) 가스에 노출된 미생물의 단백질과 DNA를 화학적으로 변형시킴으로 인해 멸균 효과를 발휘하는 방법으로, 열에 민감하거나 수분에 의해 손상될 수 있는 기기, 장비, 플라스틱 제품 등을 멸균하는 데 효과적이다. EO 가스는 물질의 표면뿐만 아니라 내부까지 침투할 수 있어 복잡한 구조의 장비에도 효과적이다. 그러나, 멸균 시간이 비교적 오래 걸리는 단점이 있으며, EO 가스는 독성이 있으므로, 멸균이 완료된 후 환기를 충분히 시키는 등 취급에 주의해야 한다.

(5) 플라스마 멸균(Plasma Sterilization)

저온에서 효율적으로 미생물을 제거할 수 있어, 고온에 민감한 재료의 멸균에 효과적이므로 최근 많이 사용되고 있는 방법이다. 플라스마 멸균 효과는 과산화수소 또는 아르곤과 같은 가스를 플라스마 상태로 변환하여, 미생물의 세포막과 DNA를 파괴하여 얻을 수 있다. 일반적으로 30℃에서 50℃ 사이의 낮은 온도에서 30분에서 1시간 정도 진행된다. 열과 습기에 민감한 의료 기기, 전자 장비, 플라스틱 및 고분자 제품 등 다양한 물질의 멸균에 사용할 수 있으며, 비교적 짧은 시간 내에 멸균을 완료할 수 있고, 멸균 후 잔여물이 남지 않으며, 가스는 안전하게 분해된다. 그러나, 플라스마 멸균 장비와 소모품의 비용이 상대적으로 높은 편이며, 모든 재료나 기기에 대해 사용할 수 있는 것은 아니다. 플라스마와의 반응성에 따라 멸균이 어려운 경우가 있다. 플라스마 멸균 과정 중 발생하는 가스는 일반적으로 무해하지만, 사용 후에는 장비가 완전히 환기된 후 사용하는 것이 좋다. 다양한 멸균 방법을 이용하여 멸균을 수행하였다면, 멸균 과정이 적절한지 모니터링하고, 멸균이 효과적으로 이루어졌는지 확인하는 것 또한 중요할 것이다. 이를 위해 여러 가지 지표를 사용할 수 있다. 멸균 표지자는 물리적, 화학적, 생물학적 표지자로 구분할 수 있다.

• **물리적 표지자(Physical Indicators)**

물리적 표지자는 멸균 공정의 온도, 압력, 시간 등을 직접 측정하여 멸균 조건이 충족되었는지 확인한다. 주로 사용되는 물리적 지표는 온도 기록계, 압력계, 타이머 등이 있다.

• **화학적 표지자(Chemical Indicators)**

화학적 지표는 멸균 과정에서의 화학적 반응을 통해 멸균 상태를 확인하는 것이다. 멸균이 완료되면 색상의 변화를 나타내며, 멸균 테이프(sterilization tape), 화학적 스트립(chemical strips), 화학적 카드(chemical cards) 등의 형태가 있고, 동물병원 임상에서는 멸균 테이프 형태를 가장 흔히 사용하고 있다.

• **생물학적 표지자(Biological Indicators)**

생물학적 지표는 멸균 과정의 효과성을 가장 정확하게 검증할 수 있는 방법이다. 일반적으로 미생물 포자(예: Bacillus sterothermophilus)를 멸균 과정에 포함시켜 멸균 후 포자가 살아남았는지 확인하는 것이다(미생물 포자 테스트, spore tests). 멸균 후 포자가 살아남았는지 확인하고, 살아남은 포자가 있으면 멸균이 잘되지 않은 것이다.

| 살균제 | 멸균 테이프 | 화학적 표지자 | 생물학적 표지자 |

그림 3.1 다양한 멸균 표지자

출처: https://www.dispomed.com/exploring-plasma-sterilization-a-cutting-edge-solution-for-veterinary-practices/

- **특수기기 세척**(Specialty Instrument Cleaning)

- 복강경 기구 세척(Laparoscope Instrument Cleaning)

복강경 수술 후 기구를 적절하게 청소하여 감염을 예방하고 기구의 수명을 연장하는 중요한 과정이다. 복강경 기구는 주로 복부 내시경 수술에 사용되며, 정밀하고 복잡한 구조를 가지고 있어, 세척과 소독을 신중하게 수행하여야 한다. 수술이 끝난 후 기구를 가능한 한 빨리 처리하여 오염물질이 건조되지 않도록 하는 것이 중요하다(건조된 오염물질은 세척을 어렵게 할 수 있다). 기구를 가능한 한 분해하여 각 부품을 따로 세척하여, 내부 부품까지 세척이 잘 이루어지도록 한다. 세척 전 제조사에서 권장하는 세척액(일반적으로 수세미 세척 용액이나 효소 세척제를 사용)을 준비하고 농도를 확인한다.

세척 전에 물리적으로 제거할 수 있는 오물을 제거하는 등 기구의 상태를 점검한다. 기구의 표면에서 이물질을 제거하기 위해 찬물로 초기 세척을 수행할 수 있다. 준비된 세척 용액에 기구를 담그고, 부드러운 브러시나 수세미를 사용하여 기구의 표면과 내부를 꼼꼼하게 세척한다. 특히 복잡한 구조나 구멍 내부를 주의 깊게 청소한다. 이후 오염물질이 용해되어 제거될 수 있도록 일정 시간 동안 담가 두거나, 기계적 세척 장비를 사용하여 처리할 수도 있다. 세척 후 세척 용액과 오염물질이 완전히 제거되도록 깨끗한 물로 충분히 헹구고, 세척이 완료된 기구는 깨끗한 공기 또는 적절한 건조 기계로 내부까지 완전히 건조시킨다.

세척 후 기구의 표면과 내부를 검사하여 세척이 충분히 이루어졌는지 확인하고, 이물질이나 잔여물이 남아 있는지 확인한다. 기구를 원래 상태로 조립하고, 조립 후에는 기구의 기능을 점검하여 정상 작동 여부를 확인해야 한다. 소독제 또는 고온 소독 장비 등을 이용해 기구를 소독하여 멸균 상태를 유지할 수 있도록 청결한 환경에서 보관하며, 포장된 상태로 보관하도록 한다. 기구 제조사에서 제공하는 세척 및 소독 지침을 철저히 따라야 하고, 세척 과정에서 기구가 손상되지 않도록 주의하며, 특히 민감한 부품이나 전선이 손상되지 않도록 주의한다.

세척과 소독 과정 중에는 개인 보호 장비를 착용하고, 작업 환경을 청결하게 유지하여야 한다. 이는 기구의 성능을 유지하고 환자 안전을 보장하는 중요한 과정으로, 정확한 세척 절차와 안전 관리를 통해 기구의 감염 위험을 최소화하고, 수술의 성공률을 높일 수 있다.

- 내시경 기구 세척(Endoscope Instrument Cleaning)

내시경은 생체 내부 검사를 위한 복잡한 기구로, 세척과 소독이 철저하게 이루어져야 감염을 예방하고 기구의 기능을 유지할 수 있다. 수술이 끝난 후, 기구에 붙은 이물들이 마르지 않도록 가능한 한 빨리 내시경을 물로 세척하여 큰 이물질을 제거하는 것이 좋다.

필요한 경우 내시경을 구성 요소로 분해하여 철저하게 세척할 수 있도록 한다. 제조사의 권장 사항에 따라 세척 용액을 준비하고(효소 세척제나 내시경용 기타 세척제 등), 내시경 모델에 따라 제조사의 세척 및 소독 지침을 따라야 한다. 내시경과 부품을 흐르는 물로 세척하여 느슨하게 달라붙은 이물질을 제거한 후, 효소 세척제에 담가서 세척한다. 부드러운 브러시, 스펀지 또는 세척 도구를 사용하여 내시경의 표면과 내부를 문질러 청소할 수 있다.

세척제 제조사의 희석 비율과 담금 시간을 반드시 지키도록 한다. 주사기나 전용 세척 장비를 사용하여 내시경의 채널을 통해 세척 용액을 밀어내어 모든 내부 표면이 청소되도록 한다. 이와 같은 수동 세척 외 자동 세척기를 사용할 경우(자동 내시경 재처리기(AER)) 내시경을 AER에 넣어 자동 세척, 헹굼 및 소독 과정을 수행하는 것이므로 AER 제조사의 지침에 따라 내시경을 적재, 처리 및 내리기 과정을 따르는 것이 중요하다. 내시경과 부품을 깨끗한 증류수 또는 필터링 된 물로 철저히 헹구어 세척제 잔여물이 남지 않도록 하고, 헹군 내시경에 잔여 이물질이나 잔여물이 있는지 확인한 후 필터링 된 공기를 사용하여 내시경과 그 구성 요소를 건조시킨다. 모든 채널과 외부 표면이 완전히 건조되어 미생물이 성장하지 않도록 주의해야 한다. 내시경을 건조할 때 기구를 손상시킬 수 있으므로, 직접적인 열원을 사용하지 않도록 한다.

② 수술가운 및 수술포 팩 준비 Preparation of Gowns and Draps Wrapping Package

수술 시 사용하는 수술가운과 수술포는 일회용과 다회용으로 구분할 수 있다. 일회용 수술가운과 수술포는 이미 멸균되어 제공되므로, 멸균상태를 잘 유지하는 것이 중요하다. 다회용 수술가운 또는 수술포는 수술 중 감염을 방지하기 위해 안전하고 효과적으로 멸균하고 보관되어야 한다. 수술가운과 수술포, 거즈 등의 팩의 멸균 과정은 다음과 같다.

- 세척 및 준비: 수술가운 및 수술포는 멸균 전에 깨끗하게 세척되어야 한다. 세척은 오염 물질이나 잔여물 제거를 목적으로 하며, 세척 후에는 완전히 건조시키도록 한다.
- 포장: 세척된 수술가운 및 수술포는 멸균 전용 포장재로 포장한다. 일반적으로 사용되는 포장재는 열에 강한 멸균 포장지 또는 멸균 백 등이 있다. 포장재는 멸균 과정 중 수술가운을 보호하며, 외부 오염을 방지하는 목적이다.
- 멸균: 동물병원에서 주로 사용하는 멸균법은 증기멸균(steam sterilization)이다. 오토클레이브에서 높은 온도와 압력으로 수술가운 및 수술포를 멸균하므로, 대부분의 수술가운 및 수술포에 적합하지만, 고온과 습기를 견딜 수 있는 종류여야 한다. 멸균이 완료된

후, 수술가운 및 수술포는 건조되어야 하며, 멸균 상태를 유지하기 위해 포장된 상태로 직사광선과 습기를 피하고, 오염원으로 보호할 수 있도록 청결한 환경에서 보관하도록 한다. 사용 전까지 포장이 손상되지 않도록 주의한다.

• 수술가운과 수술포는 그림 3.2와 같은 접기 방법으로 팩을 완성하고, 멸균을 한다.

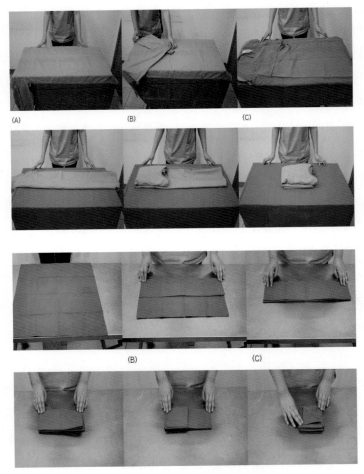

그림 3.2 NCS 05 수술동물 수의간호 참고

3 수술도구 및 기구 팩 준비 Preparation of Surgical Instruments Wrapping Package

수술도구 및 기구는 사용 후 물리적 오염물질이나 혈액 잔여물, 기타 유기물질을 제거하는 등 철저히 세척해야 한다. 기구가 분해 가능한 경우, 조립된 상태로 멸균하기보다는 각 부품을 분리하여 세척 후 멸균하는 것이 좋다. 세척 후 수분이 남아 있으면 멸균 효과가 떨어질 수 있으므로, 도구와 기구는 완전히 건조시킨다. 멸균을 위한 적절한 포장재를 사용하고, 일반적으로 면포, 멸균 백 또는 기타 멸균 전용 포장재를 사용할 수 있다. 그림 3.3의 접기 방법으로 면포를 이용하거나, 멸균 전용 포장재를 이용하여 보포장팩을 완성하고 난 후, 멸균을 실시한다.

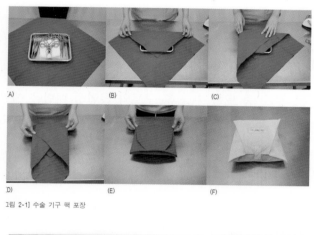

[그림 2-1] 수술 기구 팩 포장

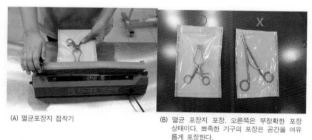

(A) 멸균포장지 접착기

(B) 멸균 포장지 포장. 오른쪽은 부정확한 포장 상태이다. 뾰족한 기구의 포장은 공간을 여유 롭게 포장한다.

그림 3.3 NCS 05 수술동물 수의간호 참고

오토클레이브 장비를 이용하는 증기 멸균법이 가장 일반적으로 사용되는 방법으로, 고온(121°C 또는 134°C)과 고압(15-30psi)에서 수술도구 및 기구를 멸균한다. 열이나 습기에 민감한 도구, 복잡한 구조를 가진 기구는 에틸렌옥사이드 멸균(ethylene oxide sterilization)법 또는 플라스마 멸균(plasma sterilization)법이 적합하며, 일반적으로 큰 부피의 기구는 화학적 멸균(chemical sterilization)을 사용할 수도 있다.

멸균이 완료된 도구와 기구는 청결하고 건조한 환경에서 보관하고, 포장이 손상되지 않도록 주의한다. 사용하기 전, 포장이 손상되지 않았는지, 멸균 상태가 유지되었는지 포장지나 기구에 부착된 멸균지표를 통해 멸균 조건이 충족되었는지 확인하도록 한다. 수술도구 팩 및 기구 팩을 준비하고 멸균 작업을 수행하는 것은 성공적인 수술결과를 얻고 동물환자의 안전을 보장하는 데 중요하다.

수술 진행 절차는 전화 또는 방문을 통해 수술을 예약하고, 수술 및 마취 동의서를 받는 것으로 시작한다. 수술 전 일반신체검사, 혈액검사, 방사선 및 필요 검사를 수행한 후 동물 환자 준비에 들어가도록 한다.

1 　음수제한 Dietary Restrictions

성견 또는 성묘는, 수술 중 또는 수술 후 구토와 흡인성 폐렴을 예방하기 위해, 마취 유도 8~12시간 전에 음식 섭취를 제한하도록 한다. 일부 소형동물이나 어린 동물의 경우 저혈당이 발생할 수 있으므로, 음식 섭취 제한 시간을 적절하게 조절하도록 한다. 일반적으로 물 섭취는 제한하지 않는다.

2 　배뇨 Excretions

수의사 또는 동물보건사는 동물을 마취하기 전에 소변을 누게 하여 방광을 비우도록 한다. 이는 복부 수술을 용이하게 하고, 만약의 경우 발생할 수 있는 소변 누출로 인한 수술 부위 오염을 예방할 수 있다. 동물이 스스로 배뇨를 하지 못할 경우, 전신 마취를 받은 상태에서 수동으로 방광을 짜거나 무균 요도 카테터를 방광으로 삽입하여 방광을 비우도록 한다. 그렇지 않으면, 마취 중 동물의 배뇨로 인해 수술대 또는 수술포 등이 젖을 수 있고, 이로 인해 소변에 오래 접촉된 동물환자에게 소변 화상(소변이 피부에 닿으면 습하고 자극적인 효과)을 일으킬 수도 있다. 수술 중 동물이 소변을 보지 않더라도 회복 중 소변을 보더라도, 수술 상처가 소변으로 오염될 수 있다. 수술 후 중환자 간호가 필요한 환자의 경우 이러한 문제를 방지하기 위해 요도 카테터를 장착할 수 있다.

3 　정맥확보(IV 카테터 장착) Installation of IV Catheter

약물 투여, 수액공급, 혈액 및 혈액 성분 수혈, 환자 모니터링, 감염 예방 등의 이유로 수술환자의 정맥을 확보하는 것은 매우 중요하다. 정맥 내 카테터 삽입은 다음과 같은 장점이 있다.
- 약물 투여: 수술 중 마취제나 진통제를 신속하게 투여할 수 있다. 정맥로가 확보되어 있으면 필요한 약물을 즉시 주입할 수 있다.

• 수액 공급: 수술 중 체액 손실을 보충하기 위해 수액을 지속적으로 공급할 수 있다. 이는 탈수를 방지하고 전해질 균형을 유지하는 데 도움이 된다.
• 혈액 및 혈액 성분 수혈: 필요시 즉시 혈액이나 혈액 성분을 수혈할 수 있어 응급 상황에 대처할 수 있다.
• 모니터링: 정맥 카테터를 통해 혈압, 산소 포화도 등을 모니터링할 수 있어 환자의 상태를 지속적으로 확인할 수 있다.
• 감염 예방: 필요한 특정 시점에 소염진통제 또는 항생제 등을 효율적으로 체내 전달할 수 있어, 감염 위험을 최소화할 수 있고, 이로 인해 수술 후 합병증을 줄일 수 있다.

개와 고양이에서 말초 정맥 카테터를 주로 장착하는 부위는 요골쪽 피부정맥(cephalic vein)과 외측 복재정맥(lateral saphaneous vein)이다. 동물병원에서는 over-the-needle catheter와 butterfly catheter를 주로 사용한다. Through-the-Needle Catheters의 경우 집중 간호가 필요한 동물에서 중심정맥 또는 경정맥 접근에 사용되며, 말초 정맥에서는 일반적으로 잘 사용하지 않는다. Over-the-needle catheter는 말초 정맥 접근 시 가장 일반적으로 사용되는 유형으로, 날카로운 바늘을 카테터가 둘러싸고 있으며, 정맥 내 삽입 후 바늘은 제거되고, 유연한 카테터만 남는다. butterfly catheter는 외래 환자의 경우 천천히(즉, 1~3분 이상) 투여해야 하는 약물을 투여할 때 유용하다. 즉, butterfly catheter는 날카롭고 단단한 바늘을 혈관 내 삽입한 것으로, 환자를 계속 모니터링해야 한다.

카테터 직경 또는 크기는 다양하며, 삽입할 부위, 사용 기간, 삽입 이유, 혈관 직경, 장착할 해부학적 상태 등에 따라 적절하게 선택하도록 해야 한다. 정맥 내 삽입된 카테터는 구부러져서는 안 된다. 예를 들어 환자가 다리를 굽힐 때마다, 혈관 내 카테터도 함께 꺾인다면, 약물 투여를 방해하게 될 것이다. 간헐적으로 반복해서 약물을 투여해야 한다면, 인젝션 캡(injection cap)을 카테터에 설치하여, 카테터가 손상되거나 약물이 누출되지 않고 반복적으로 투여하기 쉽다. 정맥을 통해 수액을 주입할 때는 기존 수액줄의 길이를 늘려, 케이지 내에서 동물의 활동성을 유지할 수 있도록, 수액 연장 세트를 카테터에 장착해 줄 수 있다. 이때 수액줄 자체가 꼬이거나, 환자와 수액줄이 서로 엉키지 않도록 동물보건사는 항상 주의를 기울여야 한다.

4 수술 부위 제모 Removal of Hair

수술 전 동물의 털을 제거하는 것은 여러 가지 이유로 매우 중요하다. 털에 존재하는 여러 가지 오염원으로 인해 수술 부위 감염 위험이 증가하고, 또한 수술 시 수술포와 드레싱의 접착력을 방해할 수 있어 무균 환경을 유지하기 어렵게 만든다. 수술 부위의 털을 제거함으로써 외과의는 수술 부위를 더 명확하게 볼 수 있고, 수술 후 소독하고 관리하기 더 쉬워 합병증을 예방할 수 있다(그림 3.5, 3.6). 시술 중에 수술포가 움직여도 상처가 오염되지 않도록 충분히 넓은 부위에 걸쳐 제모하도록 한다. 털은 일반적으로, 전기 클리퍼와 No. 40 클리퍼 날로 제거하며, 클리퍼 날의 번호가 클수록 털을 피부에서 더 가깝게 자를 수 있다.

털이 난 방향을 따라 제거하고, 이후 털 성장 방향과 반대로 클리퍼를 사용한다면, 피부에 최대한 가깝게 털이 제거될 수 있다(그림 3.4). 털을 제거한 부위는 대칭이 잘 되고, 깔끔하고 정돈되어 있어야 한다. 제모로 인해 피부에 미세한 상처를 입혀 자극을 증가시키고 감염을 촉진할 수 있으므로, 주의하여 제모하도록 한다. 발과 같은 원위 부위는 제모가 쉽지 않으므로, 이 부위가 포함되지 않는 다리 수술의 경우, 라텍스 장갑을 씌우고, 코반과 같은 접착 붕대 테이프로 감싸도 좋다. 환자가 마취하에 안정되면 클리핑 과정을 좀 더 용이하게 수행할 수 있다. 제모가 완료된 후 환자와 해당 부위는 진공청소기를 이용해, 주변 털을 청소해야 한다. 동물에서 제거한 털은 수술 부위에 남아, 수술실에서 오염원이 될 수 있으므로 수술실로 털을 옮겨가지 않도록 주의해야 한다.

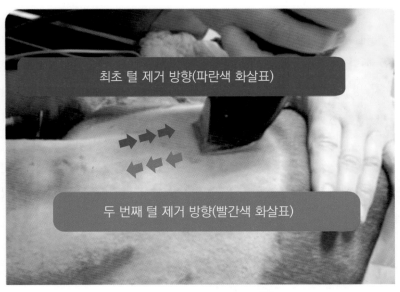

최초 털 제거 방향(파란색 화살표)

두 번째 털 제거 방향(빨간색 화살표)

그림 3.4 수술 부위 제모 방향

처음 제모할 때는 털이 난 방향과 동일한 방향으로 클리퍼를 움직이고, 두 번째는 반대 방향으로 클리퍼를 움직여 제모한다.

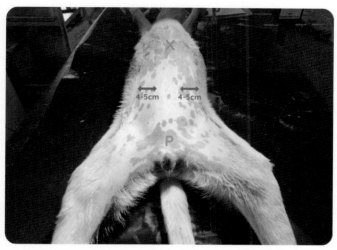

그림 3.5 암컷 개의 중성화 수술 시 수술 부위 제모 상태. 검상연골에서 골반테두리까지, 그리고 유두에서 바깥쪽으로 4-5cm 위치까지 제모한다. X=검상 연골, P=골반 테두리.

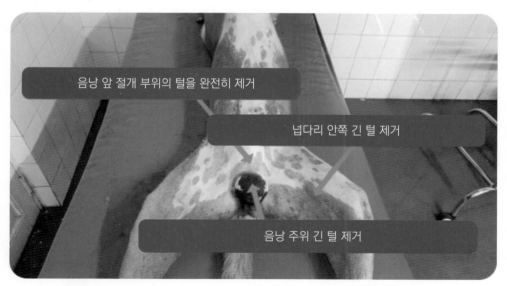

음낭 앞 절개 부위의 털을 완전히 제거

넙다리 안쪽 긴 털 제거

음낭 주위 긴 털 제거

그림 3.6 수컷 개의 중성화 수술 시 수술 부위 준비. 넙다리 안쪽과 음낭 위의 긴 털을 제거하고, 음낭 앞 절개선 주위는 완전히 제모하였다.

출처: Verwilghen, D R and Singh, A. (2014) Fighting Surgical Site Infections in Small Animals: Are We Getting Anywhere? Veterinary Clinics of North Americal Small Animal Practice. Mar; 45(2): 243-76

5 기관 내 튜브 삽관 Intubation of Endotracheal Tube

기관 내 튜브(endotracheal tube, ET 튜브) 삽관은 기도를 확보하여 수술 중에 위 내용물이나 기타 물질이 흡입되는 것을 방지하고, 환자의 호흡을 조절하여 산소를 적절하게 공급하고, 이산화탄소를 제거할 수 있다. 마취 가스를 폐로 직접 전달할 수 있어, 수술 전반에 걸쳐 일관되고 효과적인 마취를 유지할 수 있고, 마취로 인해 기도 근육이 이완되어 기도가 폐쇄되는 것을 예방할 수 있다. ET 튜브는 중요한 마취 장비이므로, 동물보건사는 적절한 사용과 관리를 할 수 있어야 한다.

ET 튜브의 한쪽 끝은 마취기 Y 피스 또는 앰부백(ambu bag)과 연결되는 호스 커넥터(Hose connector)이며, 방사성투과성인 본체는 튜브 길이, 내부직경, 제조업체 등이 표시되어 있다. 일반적으로 튜브는 0.5mm 단위로 3.0~12.0mm 범위의 크기로 제공된다. 반대쪽 끝은 커프가 있어 공기가 주입된 후 기관에 가해지는 커프의 압력을 확인할 수 있다. 즉, 커프는 ET 튜브와 기관 내강 사이를 밀봉하여 공기가 누출되지 않도록 하고, 환자가 실내 공기를 흡입하는 것을 방지하여 마취 중에 환자에게 공급되는 가스가 희석되지 않도록 한다. 또한, 커프는 환자의 기도를 통해 마취 가스가 수술실로 빠져나오거나, 구토물이 흡인되지 않도록 기도를 차단한다. 머피 아이(Murphy's eye)는 튜브 끝이 환자의 호흡기 분비물(점액 플러그)로 막혔을 때 공기가 흐를 수 있도록 뚫려있다.

ET 튜브 삽관 시 후두를 더 쉽게 통과할 수 있도록 수용성 윤활제를 거즈에 묻힌 다음 튜브에 발라주도록 한다. ET 튜브의 커프는 주사기를 이용하여 파일럿 벌룬(pilot balloon)을 통해 공기를 주입해 부풀려보고, 새는 곳이 없는지 사용 전 반드시 확인해야 한다. 삽관 시 후두식별이 용이하도록 광원이 있는 후두경을 사용할 수 있으며, 후두경은 손잡이와 블레이드가 분리되어 있으므로, 동물의 크기에 알맞은 블레이드를 선택하여, 조립해서 사용할 수 있다(그림 3.7). 블레이드는 곡선

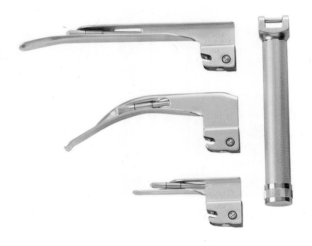

그림 3.7 다양한 크기의 후두경(블레이드, 핸들)
Fiber Optic Laryngoscope Set, WELCH ALLYN

형 또는 직선형이고, 블레이드 0은 고양이, 1은 소형견, 2는 중형견, 3은 대형견에 적합하다. 손잡이에는 후두경에 전원을 공급하는 배터리가 들어간다. 튜브를 마취기와 연결하기 전에 기관 삽입이 잘 되었는지를 확인해야 한다. 튜브가 기관으로 들어가면, 대부분의 동물은 기침을 하고, 호기마다 튜브의 내강이 뿌옇게 안개로 덮인다. 튜브가 식도로 잘못 들어가면 기관 외에 단단한 튜브 모양의 구조물이 만져진다.

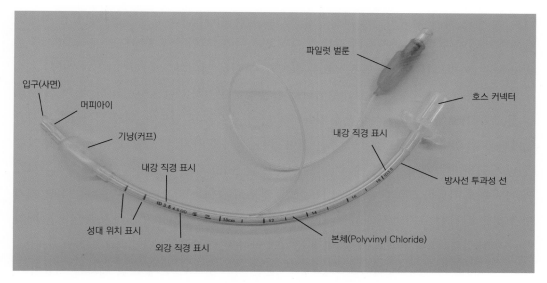

그림 3.8 기관 내 튜브(Endotracheal tube) 구조

스크럽 Skin Scrubbing

동물을 수술실로 옮기기 전에, 수술 부위에 먼지나 이물이 없도록 소독하고, 안과용 항생제 연고나 윤활제를 각막과 결막에 바른다. 복부 수술을 받는 수컷 개는 포피를 살균액으로 소독하는 것이 좋다. 일반적인 소독약으로, 포비돈 요오드(povidone idoine), 클로르헥시딘 글루코네이트(chlorhexidine gluconate), 알코올(alchol), 헥사클로로펜(hexachlorophene), 4차 암모늄염(quaternary ammonium salt)을 사용한다. 알코올은 포자에 대해서는 효과적이지 않지만, 박테리아를 빠르게 죽이고 탈지제 작용을 한다. 알코올 단독보다는 클로르헥시딘 글루코네이트 또는 포비돈 요오드와 함께 사용하는 것이 더 효과적이다. 헥사클로로펜과 4차 암모늄염은 다른 소독약에 비해 효과적이지 않다. 피부의 자연적 보호 기능을 손상시키고 상처 치유를 방해하지 않고 피부를 살균하는 것은 불가능하지만, 적절한 수술 전 준비를 통해 박테리아 수와 감염 가능성을 줄일 수 있다.

1 동물환자 수술 자세 잡기 Positioning

동물을 수술실로 옮겨, 수술 부위에 알맞은 자세를 취하도록 하고 줄, 모래주머니, 통, 테이프 등 여러 가지 고정기구로 고정한다. 이때, 호흡 기능, 말초 순환, 근육과 신경 지배를 방해하지 않아야 한다. 환자를 수술대에 고정하면, 수술 부위를 무균적으로 준비하는 데 도움이 되고, 외과의가 수술을 안정적으로 수행할 수 있을 것이다.

환자의 몸은 V자 홈통이나 모래주머니로 편안하게 고정하고(그림 3.9), 머리, 목 또는 복부는 폼 고무 튜브나 말아 놓은 수건을 사용하여 들어 올릴 수도 있으며, 뼈가 튀어나와 장시간 압박받을 수 있다면 쿠션으로 받쳐주는 것이 좋다. 환자의 사지는 자연스러운 해부학적 각도를 넘어 굽히거나 꺾이지 않도록 수술대에 묶고(그림 3.10), 수술대 모서리 근처에 장착된 4개의 지지대에 고정하도록 한다(그림 3.11, 3.12). 일부 수술대는 미끄러질 수 있는 조절식 지지대가 있어 다양한 크기의 환자를 수용할 수 있다. 모니터링 장치를 연결하거나 환자를 배치한 후 연결을 다시 확인하고, 수술 절개 부위에 따라 온풍 순환 장치(예: Bair Hugger, Hot Dog Patient Warming System, Darvall Vet Cocoon), 물 순환 시스템 또는 전기 온열 패드를 이용하여, 마취 및 수술 중 체온이 유지될 수 있도록 한다. 전기 소작술을 사용할 경우 접지판을 환자 몸에 장착하고, 마취 모니터링 장비 및 생체 지수 평가를 위한 장비 등을 위치시킨다.

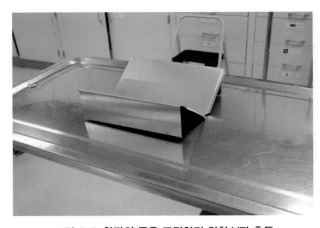

그림 3.9 환자의 몸을 고정하기 위한 V자 홈통

출처: https://veteriankey.com/asepsis-and-infection-control/

그림 3.10 환자의 발목 관절 부위에 이중으로 묶어 테이블에 고정할 준비를 한다.

출처: https://veteriankey.com/asepsis-and-infection-control/

그림 3.11 수술 테이블 모서리 지지대에 매듭을 지어 고정한다.

출처: https://veteriankey.com/asepsis-and-infection-control/

그림 3.12 수술 테이블 모서리에 장착된 지지대 중 줄을 끼워서 고정하는 형식

출처: https://veteriankey.com/asepsis-and-infection-control/

2 수술 부위 무균 소독 Sterile Skin Preparation

동물을 수술대에 옮기고 자세를 고정한 후 수술 부위의 무균 준비를 한다. 수술을 위해서는 여러 단계를 거쳐 수술 부위를 소독해야 한다. 수술 부위 피부 소독 시 주로 포비돈 요오드와 알코올을 사용하며, 용액을 번갈아 3회 적용한다. 포비돈 요오드를 사용하고, 바로 알코올을 사용하면 포비돈 요오드와 피부의 접촉 시간이 줄어들고 효과가 떨어질 수 있으므로, 적용 후 건조될 때까지 5분 정도 시간 간격을 두는 것이 좋다. 클로르헥시딘은 케라틴에 결합하므로, 피부에 접촉되어 효과를 나타내기까지 시간이 더 짧을 수 있다. 항균 효과를 얻기 위해 30초씩 2회 적용하면 된다. 클로르헥시딘과 포비돈 요오드가 가장 흔히 사용되고 있는 소독약이다.

수술 전 피부 소독을 하여 피부에서 흙과 일시적 미생물을 제거하고, 상주 미생물 수를 짧은 시간 내에 아병원성 수준으로 줄이고, 조직 자극을 최소화하고, 미생물의 빠른 반발 성장을 억제할 수 있다. 절개 부위의 가운데에서 소독약을 묻힌 거즈로 소독을 시작하여, 주변부로 진행한다(그림 3.13). 이때 직선이나 원형을 이루며 소독하고, 세균이 절개 부위로 이동하지 못하도록 주변부에서 중앙으로 다시 소독을 하지 않도록 주의해야 한다(그림 3.14). 표적 또는 과녁의 모양과 유사하게 소독하는 방법이기에, 이와 같은 소독법 대상 패턴(target pattern) 소독이라고 한다.

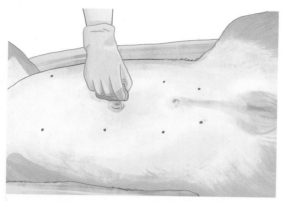

그림 3.13 소독약을 묻힌 거즈로 수술 부위 가운데에서부터 소독을 시작한다.

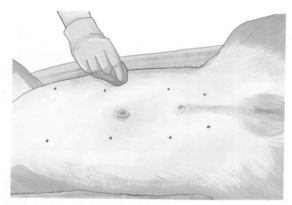

그림 3.14 소독은 수술 부위에서부터 시작하여 주변부로 원을 그리며 이동한다.
사용한 거즈는 다시 수술 부위로 옮겨가지 않고 버리도록 한다. (target pattern, 대상 패턴)

그림 3.15 수술 절개선에서 시작하여 바깥쪽으로 동심원을 그리며 소독

https://veteriankey.com/asepsis-and-infection-control/

수술 부위 털을 제거한 후, 털이 남아 있는 발은 라텍스 장갑으로 싸고, 비접착성 탄성 붕대로 덮는다(그림 3.16). 붕대로 감싼 발의 안쪽과 바깥쪽 또는 앞쪽과 뒤쪽에 테이프를 길게 붙여 발을 들어 올릴 수 있도록 줄을 만든다(그림 3.17). IV 폴의 후크 위에 테이프 줄을 놓은 다음 폴을 완전히 뻗어 사지를 들어 올린다. 골절이 발생한 경우 폴을 뻗을 때 사지와 뼈를 지지하여 추가적인 부상이 발생하지 않도록 주의하고, 완전히 제모를 끝내고 소독하도록 한다. 소독은 매달린 다리의 원위부에서 근위부로 가면서, 다리 전체를 소독한다. 최소 3회 반복해서 소독한다. 소독이 끝나면, 부러진 뼈를 지지하면서 팔다리를 조심스럽게 내리고, 수술실로 이동한다.

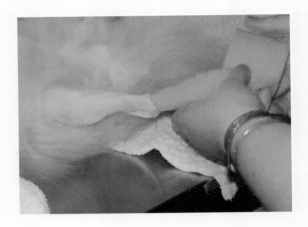

그림 3.16 수술 부위 외 털이 남아있는 발은 라텍스 장갑과 비접착성 테이프로 감싼다.

그림 3.17 붕대로 감싼 발의 안쪽과 바깥쪽에 테이프를 길게 붙인다.
이 줄은 다리 소독을 하기 위해 발을 들어 올려, 수액대에 고정시키는 데 사용된다.

https://veteriankey.com/asepsis-and-infection-control/

수컷 개의 포피가 수술 영역에 포함될 경우 수술 부위 준비를 시작하기 전에 포피에서 모든 털을 제거한 후, 포피를 씻어서 잠재적인 오염 물질을 제거하도록 한다. 포비돈 요오드 용액과 물을 1:9 비율로 희석하여, 주사기로 포피 내에 5mL를 주입한다. 용액이 흘러나오지 않도록 포피 끝을 잡고 주사기를 제거한 다음, 포피에 있는 용액을 부드럽게 마사지한다. 포피 내 용액을 수건에 흡수시켜 조심스럽게 제거하고, 이 과정을 2회 반복한다.

그림 3.18 주사기 내 요오드 용액을 포피에 넣는다.
이때 소독액이 밖으로 흘러나오지 않도록 포피 끝을 잡는다.

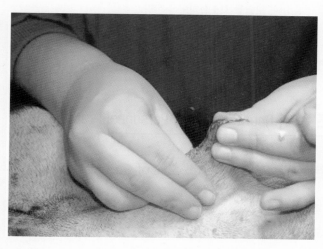

그림 3.19 포피 끝을 잡아 소독액이 밖으로 흘러나오지 않도록 하고, 부드럽게 포피를 마사지한다.

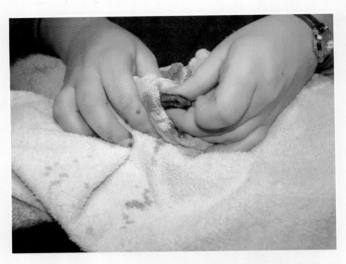

그림 3.20 수건을 아래쪽에 대고, 포피 내 소독액을 빼내어 흡수시킨다.

소독 전에 배설물이 수술 부위로 배출되지 않도록, 항문을 쌈지봉합(purse-string suture)하도록 한다. 이때 항문낭이 손상되지 않도록 주의해야 하고, 수술 후에는 봉합을 제거해주어야 한다. 항문낭 제거 수술의 경우 항문낭 개구부가 쌈지봉합 바깥에 위치해야 하고, 회음부 허니아 관련 수술의 경우 항문낭 개구부가 쌈지봉합 내부에 위치하는 것이 좋다. 항문 오른쪽과 왼쪽을 먼저 대상 패턴으로 소독하고, 마지막으로 항문을 소독하여, 오염을 최소화하도록 한다.

05 스태프 준비 Operating Room Personnel Preparation

1 수술실 기본 복장 Proper Scrub Suit of Surgical Area

수술실에 들어가는 모든 사람은 미생물 오염을 최소화하기 위해 수술복(스크럽), 수술모자, 마스크, 신발 및 신발 커버, 장갑 등을 착용해야 한다. 수술복 상의는 바지 안으로 넣어 입어야 하고, 손과 팔을 세정소독해야 하므로 상의 소매는 짧아야 한다. 수술복은 더러워지거나 젖으면 갈아입어야 미생물의 오염을 예방할 수 있다. 동물병원은 털로 인한 오염의 위험이 상시 존재하므로, 수술복은 매일 세탁하여 사용해야 한다. 수술복은 내구성이 좋고, 오염에 강한 재질로 혈액, 체액 또는 기타 잠재적으로 감염될 수 있는 물질을 막아낼 수 있어야 한다. 수술 시간, 수술복이 젖을 수 있는 수술 종류, 수술에서 역할(외과의, 마취과 의사 등)에 따라 오염될 가능성이 다양하므로, 수술복 선택 시 앞선 여러 가지 사항을 잘 고려하도록 한다.

머리카락은 세균의 주요 운반체이므로, 수술 시에는 머리카락을 완전히 덮는 수술모자를 착용해야 한다. 목덜미의 머리카락, 구렛나루나 턱수염을 완전히 덮어야 한다면 캡 형태보다는 후드 형태를 사용하는 것이 좋다. 수술실에서만 사용하는 전용 신발을 준비하여 착용한다면, 외부에서 수술실로 머리카락과 기타 오염물질이 퍼지는 것을 줄일 수 있을 것이다.

수술실 전용 신발을 사용하지 않는 경우 방수 및 찢어짐 방지 기능이 있는 일회용 소재로 만든 신발 커버를 사용할 수 있다. 동물병원은 동물 털이 많으므로, 준비실에서 수술실에 들어가기 직전에 신발 커버를 바꾸면 수술실 직원이 수술실로 끌고 들어오는 털의 양을 줄일 수 있을 것이다.

수술 중 재채기, 기침, 대화 중에 입과 비인두에서 배출되는 비말을 막기 위해 수술용 마스크를 착용해야 하며, 마스크는 보푸라기가 잘 생기지 않고, 두 겹의 바깥층 사이에 친수성 필터가 장착된 것으로, 입과 코 위에 꼭 맞게 착용하도록 하고, 콧등으로 인해 가장자리에 빈 공간이 생기지 않도록 단단히 조여서 고정해야 한다.

그림 3.21 액세서리 등은 제거하고, 수술복 상의는 바지 안으로 넣는다.

출처: Small Animal Surgical Nursing 4th Edition, Marianne Tear, Elsevier, 2022

2 손세정소독(스크러빙) Scrubbing

모든 무균 수술팀 구성원은 멸균 수술 가운과 장갑을 착용해야 하므로, 수술실에 들어가기 전에 손과 팔을 소독해야 한다. 시계, 반지, 액세서리 등은 제거하고, 손톱은 짧고 깨끗하게 유지해야 한다. 인조손톱은 세균 또는 곰팡이가 자랄 수 있고, 손과 팔에 상처가 있는 경우 수술 부위를 오염시킬 수 있으므로 주의해야 한다. 세척소독 후 비멸균 품목은 취급할 수 없으며, 손이나 팔이 비멸균 물체(사람 포함)에 닿을 경우, 소독을 다시 해야 한다. 수술모자와 마스크를 먼저 장착하고 난 후, 손세정소독을 한다.

손세정소독 시 손은 팔꿈치보다 항상 높게 유지하여, 물과 비누가 가장 깨끗한 부분(손)에서 덜 깨끗한 부분(팔꿈치)으로 흐를 수 있도록 한다. 손세정소독이 끝나면 멸균 수술대에서 떨어진 곳에서 손과 팔을 멸균 타월로 닦는다. 이후 손을 허리보다 아래로 내리지 않는다. 이와 같은 과정은 먼지를 제거하고, 일시적으로 세균수를 감소시킬 수 있으며, 세균의 증식 또한 억제할 수 있다. 최근 연구에 따르면 브러시로 문지르면 피부 손상과 함께 세균 증식이 증가하므로, 대부분의 전문가는 브러시로 피부를 세게 문지르는 소독은 효율적이지 않다고 한다.

3 수술가운 착용 Gowning

수술 가운은 반복사용이 가능한 직물 또는 일회용 제품을 사용할 수 있다. 일회용 부직포를 사용하면 수술 환경에서 분리된 미생물 수가 적었고, 그 결과 수술실에서 오염률이 낮다는 연구가 있다. 반복사용이 가능한 가운의 경우 필요한 부위(복부 또는 팔 등)에 추가적으로 보강하여 제작할 수 있는 장점이 있다. 일회용 수술가운은 주로 폴리프로필렌 및 폴리에스터와 같은 섬유로 부직포 기술을 사용하여 만든다. 이는 여러 층으로 구성되어, 피부에 가장 가까운 스펀 본드 층의 목적은 통기성이 뛰어나게 유지해주고, 스펀본드 소재의 바깥층은 수술복이 잘 찢어지는 것을 방지할 수 있다. 수술복을 입지 않은 팀원은 긴팔 가운과 장갑을 착용하여, 손과 팔에서 피부 비듬이 멸균 구역에 떨어지지 않도록 해야 하고, 멸균 표면이 오염되지 않도록 멸균 기구에 접촉하지 않도록 주의해야 한다.

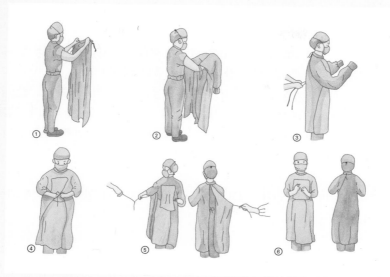

1. 멸균 수술 가운의 칼라 양쪽 끝을 각각 양손으로 들어 올린다.
2. 멸균 수술 가운을 약간 위로 던지면서, 두 손을 동시에 소매에 넣는다.
3. 손이 멸균수술 가운 밖으로 나오지 않도록 주의하며, 소매를 앞으로 내밀고, 보조자가 뒤에서 가운의
   한쪽 벨트(줄)를 가져다 준다.
4. 몸을 약간 앞으로 기울여 다른 한쪽 벨트(줄)를 받아 옆으로 묶는다.
5. 보조자가 멸균 수술 가운 벨트를 잡을 때 최대한 몸에서 멀리 잡는다
6. 멸균 수술 가운과 멸균 장갑을 착용한 후에는 손을 허리 높이보다 위에 둔다.

4 수술장갑 착용 Gloving

수술용 장갑을 사용할 때, 마그네슘 규산염(활석) 또는 옥수수 전분과 같은 라텍스 장갑
용 윤활제를 사용하면 장갑이 손에 잘 들러붙지 않아 좋지만, 다양한 조직에 상당한 자극을
줄 수 있다. 따라서 외과의는 안쪽 표면에 하이드로겔의 접착 코팅이 된 장갑을 사용하는
것이 좋다.

멸균 장갑 개방 착용법(Open Method)

1. 멸균 장갑 포장을 열어, 장갑을 멸균 테이블 위에 놓는다.
2. 착용할 장갑의 접힌 가장자리를 잡고 들어 올린다.
3. 주로 사용하는 손에 먼저 장갑을 착용하기 위해, 다른 손 장갑의 접힌 가장자리(커프)를 잡고, 주로 사용하는 손을 장갑에 끼워 넣는다(커프는 장갑에 접힌 채로 그냥 둔다).
4. 두 번째 장갑을 착용하기 위해 장갑을 낀 손의 손가락을 착용할 장갑의 커프 안쪽으로 넣는다.
5. 손가락은 아래로 향하고, 손은 평평하게 유지한 채 장갑을 손가락 위로 당겨준다(이때 장갑을 낀 엄지손가락을 위로 올려서 맨 손바닥이나 손목을 만지지 않도록 주의한다). 먼저 착용한 손의 접힌 커프 부위 안쪽에 손을 넣어 펴 주고, 각 장갑을 꼭 맞게 조정한다.

* 장갑을 손에 낀 후에는 아무것도 만지지 말고, 손은 허리 위 앞으로 둔다. 멸균 영역 밖에 있는 것은 아무것도 만지지 않는다.

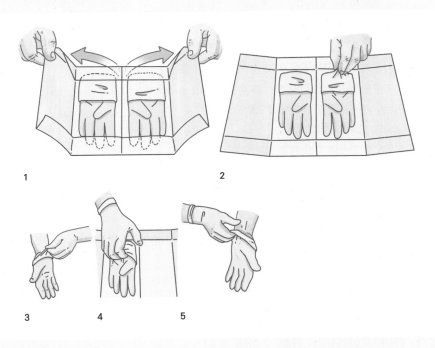

멸균 장갑 폐쇄 착용법(Closed Method)

1. 멸균 장갑 포장을 열어, 장갑을 멸균 테이블 위에 놓는다(이때, 수술복 밖으로 손은 나오지 않도록 한다).
2. 한쪽 손으로 접힌 장갑 한쪽을 집어 올린다.
3. 장갑을 착용할 손의 가운 소매 위에 놓는다(장갑 손바닥은 아래로, 장갑 손가락은 자신을 향하도록 한다)
4. 장갑의 아래쪽 롤 커프 가장자리를 엄지와 검지로 잡는다.
5. 반대쪽 손으로 장갑 소매 끝부분의 위쪽 가장자리를 잡는다.
6. 장갑을 계속 잡은 채로 장갑 밑단을 손 위로 쭉 뻗는다. 반대편 소매를 덮은 손을 사용해서 장갑 커프와 소매를 모두 잡고 장갑을 손으로 잡아당긴다.
7. 장갑을 낀 손을 사용하여 같은 방식으로 두 번째 장갑을 낀다. 장갑을 집어 올린다. 소매에 올려놓고 손가락이 자신을 향하도록 한다. 장갑을 손 위로 당긴다.

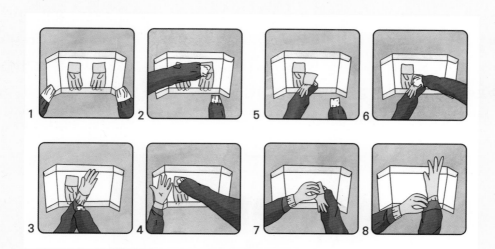

06 무균 수술 준비 Preparation of Aseptic Operation

1 수술포 장착(드레이핑) Draping

수술대 위에 환자를 고정하고, 피부 소독을 끝낸 이후에, 수술포를 장착한다. 전기 소작술을 사용할 경우 피부 소독 후 수술포를 장착하기 전에 충분한 시간을 두어 인화성 물질(예: 알코올, 탈지제)이 피부에서 완전히 증발할 수 있도록 건조시켜야 한다. 수컷 개의 복부 절개가 음모까지 확장된 경우 포피를 멸균된 타월 클램프로 한쪽으로 고정시킨다.

수술포 장착은 수술 부위 주변을 멸균 영역으로 유지하기 위함이므로, 가운을 입고 장갑을 낀 수술팀 구성원이 수행하며, 먼지, 보푸라기, 물방울이 움직일 수 있는 기류가 생길 수 있으므로, 수술포를 빠르게 움직이지 않는다. 테이블 아래로 떨어진 수술포, 용품, 장비는 비멸균 상태로 간주하며, 세균의 오염을 막기 위해 수술포를 한 번 장착한 후에는 다시 이동시키지 않도록 한다. 수술포는 멸균된 Backhaus 타월 클램프로 각 모서리를 고정하고, 수술포에는 수술 부위에 알맞은 위치에 적절한 크기의 개구부가 있어야 한다. 동물과 수술대 전체를 덮는 큰 수술포를 장착하여 전체적으로 멸균 수술 영역을 만들 수 있다.

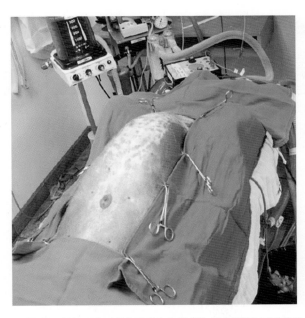

그림 3.22 환자는 흉부 또는 복부 절개수술이 가능한 자세로 고정되어 있으며,
수술 부위만 노출시키기 위해 수술포는 타월 클램프로 각 모서리를 집어 고정하였다.

출처: principles and practice of veterinary technology 4th edition

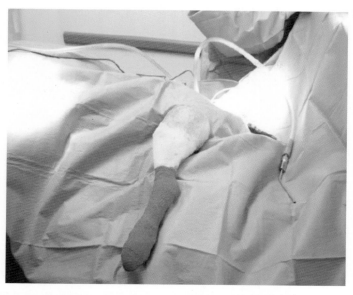

그림 3.23 무릎 수술을 위해 환자를 고정한 모습. 수술 부위가 적절하게 노출되도록 수술포를 장착하였다.

출처: principles and practice of veterinary technology 4th edition

2 멸균 기구 팩 개봉 Opening Wrapped Packs in the Sterile Field

멸균 기구는 멸균된 기구를 오염시키지 않고 기구팩을 열고, 멸균 테이블에 놓을 수 있도록 포장해야 한다. 대형 멸균 린넨/종이/폴리프로필렌 팩 등 멸균 기구 팩이 너무 커서 다루기 힘들거나 무거운 경우, 메이요 스탠드(Mayo Stand)나 백테이블에서 개봉할 수 있다. 메이요 스탠드나 백테이블의 중앙에 놓고, 손과 팔이 멸균 영역 위로 벗어나지 않도록 접힌 각 층을 몸쪽으로 당겨서 연다. 이때 팩의 가장자리와 아랫부분은 만지지 않는다.

팩을 열면, 멸균 복장을 한 수술실 팀원이 멸균 테이블에 멸균 기구를 놓는다. 쉽게 열수 있는 멸균 팩은 열어서 멸균 테이블에 떨어뜨리거나, 멸균 복장을 한 수술 팀원이 멸균된 기구만 집어 멸균 테이블에 놓을 수 있다. 이중 포장된 멸균 기구팩은 바깥층 포장만 열어, 멸균 복장을 한 수술실 팀원에게 전달하는데, 이때 한 손으로 팩을 잡고, 다른 손을 사용하여 랩의 모서리를 펼쳐 뒤로 잡아 고정한다. 마지막 모서리를 펼쳤을 때 손은 랩으로 완전히 가려져야 하고, 팩이 완전히 노출되면 멸균 복장을 한 수술실 팀원이 받도록 한다.

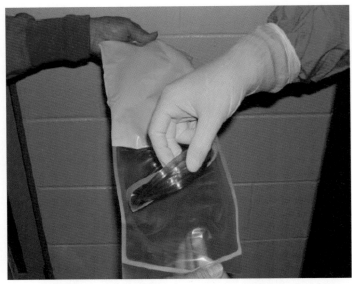

그림 3.24 비멸균 팀원이 멸균 포장된 수술기구를 멸균 팀원에게 전달하기 위해,
포장을 열어 최대한 가장자리를 잡고 있다.

출처: principles and practice of veterinary technology 4th edition

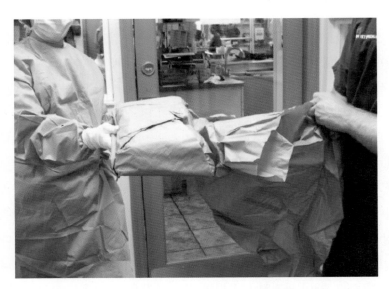

그림 3.25 비멸균 팀원이 멸균된 수술포를 멸균 팀원에게 전달하고 있다.
오염을 막기 위해, 비멸균된 손이나 팔을 벗겨낸 포장으로 감싸고, 최대한 노출되지 않도록 한다.

출처: principles and practice of veterinary technology 4th edition

chapter

04

동물환자 마취 및 모니터링

Animal Patient Anesthesia and Monitoring

📖 **학습목표**

- ▸ 마취의 순서와 단계를 이해한다.
- ▸ 호흡마취의 단계를 이해하고 호흡마취기를 다룰 수 있다.
- ▸ 마취 모니터링의 다양한 파라미터를 이해한다.
- ▸ 다양한 마취 상황에서 모니터링을 통해 마취의 강도를 적절히 조절할 수 있다.

---

01 마취의 종류와 단계 Types and Stages of Anesthesia

1 동물보건외과학에서 마취의 중요성 Importance of Anesthesia in Veterinary Surgery

마취는 동물의 의식, 감각, 운동 및 반사작용을 일시적으로 차단하는 의학적 절차이다. 이는 주로 통증을 경감하거나 완전히 차단하기 위해 수행된다. 동물보건외과학에서 마취는 수술 과정의 핵심적인 요소로, 효과적인 마취 관리가 수술의 성공 여부를 크게 좌우한다. 마취의 주된 목적은 동물의 고통을 최소화하고, 수술 중 움직임을 억제하여 수술을 원활하게 진행시키는 것이다. 이를 통해 수술 과정이 보다 안전하고 효율적으로 이루어질 수 있다. 마취는 다음과 같은 이유로 수술 및 외과학에서 매우 중요한 비중을 차지한다.

- 마취는 동물이 수술 중 겪을 수 있는 고통과 스트레스를 감소시킨다. 고통스러운 자극이 동물의 신체에 가해질 때, 적절한 마취 없이는 심각한 생리적 스트레스 반응이 일어나 심박수, 호흡수, 혈압이 급격히 변할 수 있다. 이는 동물의 회복 과정에도 부정적인 영향을 미칠 수 있다. 따라서, 마취는 동물이 수술 동안 안정적인 상태를 유지하도록 돕고, 수술 후 빠른 회복을 가능하게 하는 중요한 역할을 한다.

- 마취는 정밀한 수술적 절차를 가능하게 한다. 마취는 수술 과정 중 동물이 움직임을 최소화하는데, 마취가 잘 관리되지 않으면 수술 중 예기치 않은 움직임으로 인해 수술의 정확성이 떨어질 수 있다.
- 마취는 수술 후 통증 관리에 있어서도 중요하다. 적절한 마취와 통증 관리는 수술 후 동물이 겪는 불편함과 고통을 줄여주며, 회복 과정에서의 합병증 위험을 감소시키고, 전반적인 회복 속도를 가속화한다. 마취제와 진통제의 적절한 사용은 동물의 스트레스를 최소화하고, 더 나은 회복 환경을 제공한다.

2 마취의 위험성 Risks of Anesthesia

마취는 수술이나 치료를 위해 필수적이지만, 다음과 같은 위험성을 내포하고 있다. 동물보건사는 마취의 중요성과 위험성을 필수적으로 이해하고 있어야 한다. 잘못된 마취는 동물의 생명을 위협할 수 있다.

- 순환계와 호흡계의 억제: 마취는 동물의 순환계와 호흡계 기능을 억제하기 때문에 심각한 경우, 생명을 위협할 수 있는 응급상황이 발생할 가능성이 있다.
- 간과 신장에 대한 영향: 마취제는 동물의 간과 신장에서 대사되므로, 이 장기들에 부담을 줄 수 있다. 이는 장기의 기능 저하로 이어질 수 있으며, 장기적인 건강 문제를 유발할 수 있다.
- 면역력 저하: 마취와 수술 과정은 동물의 면역력을 일시적으로 저하시킬 수 있다. 이는 동물이 감염에 더 취약해지게 하며, 수술 후 회복 과정에서 감염의 위험이 증가한다.

3 마취에서 동물보건사의 역할 Role of Veterinary Nurses in Anesthesia

동물보건사는 마취 과정 전반에 걸쳐 중요한 역할을 하며, 수술의 성공과 환자의 안전을 지키는 데 핵심적인 역할을 한다. 특히 동물보건사는 마취 기계의 설정과 조정, 환자의 생명 징후 모니터링, 마취 후 회복 관리 등을 담당함으로써 수술 팀의 중요한 일원으로 활동한다. 동물보건사가 마취 과정에서 수행하는 주요 역할은 다음과 같다.

- 마취 관련 안내: 기본적인 마취와 수술 절차에 대해 보호자에게 간략하게 안내하며, 수의사를 조력하여 수술 및 마취 동의서를 받기도 한다. 마취 전날에는 고객과의 사전 연락을 통해 환자의 상태를 확인하고 금식과 주의사항을 안내한다.

- 마취 기구 점검 및 준비: 마취 시 필요한 기구가 정상적으로 작동하는지 확인하여 수술 중 예기치 못한 기계적 문제를 예방하며, 수술과 마취에 필요한 장비와 기구를 준비한다.
- 마취 시 수의사 보조 및 응급상황 대처: 마취 절차 중 수의사의 요청에 따라 필요한 도구를 제공하거나 기타 필요한 의료적 지원을 제공한다. 또한 응급 상황에 신속하고 정확하게 응급처치를 수행한다.
- 마취 환자 모니터링: 마취 중 환자의 생명 징후를 지속적으로 감시하며, 이상 징후가 발생할 경우 즉시 대응한다.
- 마취 후 회복 모니터링: 환자가 안정적으로 의식을 회복하여 마취 절차가 마무리될 수 있도록 한다.
- 입원 간호 담당: 수술이 종료된 환자는 중환자로서 당분간 입원하기 때문에, 수술 후 환자를 관리하며 필요한 의료 조치를 수행한다.

4 마취의 정의와 종류 Definition and Types of Anesthesia

(1) 마취의 정의 및 목적(Definition and Purpose of Anesthesia)

마취의 종류에는 크게 국소마취, 부위마취, 전신마취가 있으며, 동물의 특성과 수술의 복잡성, 필요한 수술 시간 등을 고려하여 선택된다. 국소마취는 특정 부위의 감각만을 차단하는 방법으로 간단한 시술 및 처치 시에 활용된다. 부위마취는 특정 신경이나 신경 집단을 표적으로 하여 마취제를 직접 주입하는 방식으로 주로 특정 부위에서 감각을 차단할 때 사용된다. 전신마취는 동물이 의식을 잃고 전신적으로 감각이 차단되는 상태로, 대규모 수술이나 장시간의 수술이 아니더라도 대부분의 수술에서 활용되는 방법이다.

(2) 마취의 종류(Types of Anesthesia)

① 국소마취(Local Anesthesia)

특정 신경 말단을 마취시키는 방법으로, 해당 부위에 국소마취제를 바르거나 주사하여 신경 말단을 마취한다. 이 방식은 동물이 깨어 있는 상태로 의식을 유지하면서 말초 부위에만 마취가 적용된다. 주로 사용되는 국소마취제로는 리도카인(lidocaine)과 부피바카인(bupivacaine) 등이 있다. 국소마취의 주된 목적은 통증을 경감시키고, 치료 과정을 원활하게 진행하기 위함이다. 동물이 의식을 잃지 않기 때문에 상대적으로 전신마취보다 위험성이 낮다. 이 방법은 교상 부위 치료, 피부 생검, 소규모 종양 제거 등 간단한 처치에 주로 사용된다. 한편 국소마취는 전신마취가 이미 된 상태에서 특정 부위의 통증을 추가로 경감시키기 위해 보조적으로 사용되기도 한다. 예를 들어, 수컷 중성화 수술에서 이미 전신마취가 된 상태에서 고환 부위에 국소마취를 하거나, 치과 치료 시 잇몸 부위에 국소마취를 사용하는 경우가 있다. 이러한 절차는 수술 후 통증 관리에도 효과적이라 수술 후 회복 과정에서 동물이 겪을 수 있는 불편함과 스트레스를 최소화할 수 있다.

② 부위마취(Regional Anesthesia)

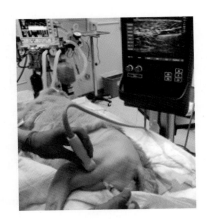

그림 4.1 초음파 가이드를 통한 부위마취 예시

특정 부위나 영역에 마취를 적용하는 방법으로, 척추마취와 경막외 마취 등이 포함된다. 이 방식은 척수에서 분포하는 신경을 차단하여 해당 부위의 감각을 일시적으로 차단한다. 부위마취는 특히 정형외과 수술과 같이 심한 통증이 수반되는 경우에 전신마취와 더불어 통증 경감을 목적으로 사용된다. 이러한 마취법은 통증 관리뿐만 아니라 수술 중 환자의 안정성을 높이는 데도 기여한다. 그러나 이 방법은 기술적인 난도가 높고, 신경 손상이나 감염과 같은 위험이 동반될 수 있기 때문에, 전문적인 훈련을 받은 의료 인력이 필요하며, 일반적인 지역(local) 병원에서는 시행하지 않는 경우가 많다.

③ 전신마취(General Anesthesia)

전신마취는 신체의 모든 부분에 대한 마취로서 의식, 감각, 운동능력, 반사기능 등 주요 요소를 차단하는 방법이다. 주로 크고 복잡한 수술에서 사용되며, 환자의 의식을 완전히 상실시키기 때문에, 수술 동안 지속적으로 호흡과 심박수를 포함한 생명 징후를 모니터링하는 것이 필수적이다. 전신마취는 흡입 마취제나 주사 마취제를 사용하여 수행될 수 있는데, 전신마취를 할 때는 마취 전문가가 환자의 마취 상태를 지속적으로 관찰하고, 필요에 따라 약물의 양을 조절해야 한다. 이러한 이유로 전신마취는 특정 환자군에서 주의가 필요하다. 예를 들어, 고령 환자, 만성 질환을 가진 환자, 특정 약물을 복용 중인 환자 등은 전신마취의 위험이 증가할 수 있다. 따라서 수술 전 포괄적인 의료 평가가 필요하며, 마취 과정과 회복 과정에서 발생할 수 있는 모든 잠재적 위험을 최소화하기 위한 조치들이 마련되어야 한다. 특히 마취에서 깨어나는 동안 환자는 혼란스러울 수 있으며, 때로는 통증이나 메스꺼움을 경험할 수 있다. 따라서 마취 회복실에서는 이러한 증상을 관리하고, 환자가 안정을 찾을 때까지 지속적인 감시가 이루어진다. 전신마취는 주사마취나 호흡마취 과정을 통해 이루어진다.

• 주사마취(Injectable Anesthesia)

주사마취는 마취주사를 사용하여 동물을 무의식 상태로 만드는 방법으로, 케타민과 같은 약물이 잘 알려져 있다. 주사마취는 체중당 정해진 마취제를 주사로 한번에 투여하며, 추가적인 마취가 필요하면 마취제를 더 투여하게 된다.

주사마취는 복잡한 장비가 필요 없어 간단하고 경제적이며, 마취 준비와 회복 시간이 매우 빠르다는 장점이 있다. 이로 인해 시술 시간이 짧아져 환자와 수의사 모두에게 효율적이다. 그러나 마취제가 과량 투여되어 마취가 너무 깊어지는 경우가 있는데 이러한 경우 적절한 길항제가 없어 해독이 어렵고 응급상황이 생길 수 있다. 또한 주사마취는 마취의 깊이와 지속 시간을 세밀하게 조절하는 것이 어려워 수술 중 예기치 않은 반응이나 움직임에 대응하기 어렵게 만든다. 기본적으로 삽관을 하지 않고 마취를 진행하기 때문에 생체신호에 대한 심도 있는 모니터링이 어렵고 호흡마취에 비해 안전성이 떨어진다. 호흡마취가 대중화되기 전에는 많은 수술에서 사용되었으나, 현재는 고양이 미용이나 수컷 중성화 같은 간단한 수술 및 시술에서 주로 활용된다. 기본적으로 이는 위에서 언급한 마취 조절의 어려움과 호흡마취에 비해 낮은 안전성과 관계가 있다.

• 호흡마취(Inhalation Anesthesia)

호흡마취는 휘발성 마취제를 환자의 기도 내로 투여하여 무의식 상태를 유도하는 방법이다. 마스크나 튜브를 사용하여 마취제를 공급하며, 수술이 끝나면 마취제의 투여를 중단하여 환자가 의식을 회복하도록 한다. 마취제는 폐를 통해 흡수되어 혈액을 타고 뇌로 전달된 후 다시 폐에서 제거된다.

호흡마취는 주사마취에 비해 일반적으로 안전하며, 환자의 생체 반응을 지속적으로 모니터링하기 쉬워 마취의 깊이를 신속하고 정밀하게 조절할 수 있는 큰 장점이 있다. 따라서 수술 중 필요에 따라 마취 상태를 조절할 수 있어, 매우 유연한 대응이 가능하다. 이는 수술 중 예기치 않은 합병증을 빠르게 감지하고 대응할 수 있게 한다. 또한 호흡마취는 간이나 신장 등의 주요 장기에 미치는 부담이 상대적으로 적어, 환자의 전반적인 회복에 긍정적인 영향을 미친다. 그러나 호흡마취는 호흡마취기라는 특수한 장비를 필요로 하며, 이를 운용하고 관리하기 위한 전문 인력이 요구된다. 또한, 관련 장비와 약품의 비용도 상대적으로 높은 편이다. 이러한 이유로 전문인력의 수가 부족한 1인 동물병원 등에서는 수술의 종류와 관계없이 주사마취가 호흡마취보다 선호된다.

표 4.1 주사마취의 장점과 단점

유형	장점	단점
주사마취	• 복잡한 장비 필요 없음 • 경제적, 마취 준비 및 회복 시간 빠름 • 시술 시간 단축으로 환자와 수의사 모두에게 효율적	• 생체 반응 지속적 모니터링 일부만 가능 • 과량 투여 위험 • 마취 깊이 및 지속 시간 조절이 어려움 • 수술 중 예기치 않은 반응 대응이 어려움 • 마취 후 감각 회복 불균형적
호흡마취	• 환자 생체 반응 지속적 모니터링 용이 • 마취 깊이의 신속, 정밀한 조절 가능 • 마취반응에 대한 유연한 대응 • 일반적으로 주사마취에 비해 안전 • 주요 장기 부담 적음	• 고가의 마취장비 및 특수 장비 필요 • 운용 및 관리를 위한 전문 인력 요구

02 마취의 단계와 절차 - 호흡마취를 중심으로
Stages and Procedures of Anesthesia - Focusing on Inhalation Anesthesia

1 호흡마취의 절차 Procedures of Inhalation Anesthesia

수술 시 마취 절차에 있어 주사마취와 호흡마취는 차이를 보이는데 가장 핵심적인 차이는 삽관의 여부이다. 호흡마취는 효과적인 삽관을 위해 프로포폴 등의 약물을 사용하여 마취를 유도한다. 일부 간단한 수술을 제외하고, 일반적인 수술에서 호흡마취의 비중이 크고, 동물보건사의 역할과 비중도 주사마취보다는 호흡마취에서 중요하기 때문에 교육적 가치가 더 높다. 특히 호흡마취를 제대로 습득할 경우 주사마취는 훨씬 더 쉽게 접근이 가능하다. 본 장에서는 페이지 제한으로 인해 호흡마취를 중심으로 마취절차를 설명하되, 필요한 부분은 주사마취와 비교하여 서술할 예정이다.

호흡마취는 기본적으로 전마취 → 마취유도 → 마취유지 → 마취회복의 4단계로 구성된다. 주사마취는 삽관을 위한 마취 유도과정이 없고, 모니터링 절차도 훨씬 간편한 경우가 많다.

본격적인 4단계 외에도 다양한 과정이 존재한다. 이를 간단하게 나타내면 아래와 같다.

① 환자의 준비: 수술 전에는 동물이 일정 시간 동안 금식을 하여 마취 시 구토나 기타 합병증을 방지한다.

② 입원(혹은 내원): 동물이 병원에 입원(혹은 내원)하여 수술을 준비한다.

③ 정맥라인 설치: 수술 및 마취 중 필요한 약물을 투여할 수 있도록 정맥라인을 설치한다.

④ 마취 전 검사: 정맥라인을 설치하면서 환자의 전반적인 건강 상태를 평가하며, 동시에 혈액을 채취하여 필요한 검사를 실시한다.

⑤ 전마취: 동물을 진정시키는 전마취제를 투여한다.

⑥ 마취유도: 프로포폴 같은 도입제를 사용하여 빠르게 마취 상태로 만든다.

⑦ 삽관: 기도관을 삽입하여 동물이 마취제를 호흡할 수 있게 한다.

⑧ 마취유지: 호흡마취기를 통해 휘발성 마취제를 공급하여 마취 상태를 유지한다.

⑨ 마취 모니터링: 동물의 심박수, 호흡, 산소포화도 등을 지속적으로 모니터링한다.

⑩ 마취회복: 수술이 끝나면 마취제의 공급을 중단하고 동물이 서서히 의식을 회복한다.

(1) 환자의 준비(Patient Preparation)

수술 전 환자 준비는 마취 및 수술의 성공과 환자의 안전을 보장하는 매우 중요한 단계로서 수술 전 환자의 건강을 보장하고, 수술과 마취의 위험을 최소화한다. 다음은 수술을 위한 환자 준비 과정에 대한 상세 설명이다.

① 마취 및 수술 동의서

마취 및 수술은 심하면 사망에 이를 수 있는 상황이 생길 수 있기 때문에 진행하기 전에 반드시 보호자의 동의를 받아야 한다. 이 동의서에는 마취 및 수술의 목적, 예상되는 위험, 예상 회복 과정, 발생할 수 있는 합병증에 대한 정보가 포함되어 있으며, 수술에 대한 이해와 동의를 확인한다.

② 환자의 상태 확인 및 금식

입원 환자의 경우 수술 전날 TPR[체온(temperature), 맥박(pulse), 호흡(respiration)]을 비롯하여 전반적인 건강 상태를 점검한다. 만약 본인이 돌보던 환자가 아니라면 차트와 다른 수의사와의 면담 등을 통해 ASA(American Society of Anesthesiologists)라고 불리는 건강 상태 분류를 통해 마취 전 위험도를 평가한다. 내원환자의 경우 정맥라인 설치, 혈액채취 등 처치실로 왔을 때 차트와 신체 검사 등을 통해 평가가 가능하다.

일반적으로 수술 전 8-12시간은 금식을 시킨다. 이는 마취 중 발생할 수 있는 구토를 방지하고, 마취로 인한 합병증의 위험을 줄인다. 내원 환자의 경우 전날 전화를 통해 금식을 안내하고 이때 전반적인 건강상태를 물어볼 수 있다. 입원환자의 경우 차트에 기록해두고, 인수인계 시 후임자에게 이를 안내한다.

표 4.2 동물에서의 ASA 분류체계

ASA 분류	정의
ASA I	어떠한 질병의 증상도 보이지 않는 완전히 건강한 동물
ASA II	경미한 질환이 있으나 생명에 상시적인 위협이 있지는 않은 동물
ASA III	심각한 질병이 있으나 생명에 상시적인 위협이 있지는 않은 동물
ASA IV	심각한 전신 질환과 상시 생명 위협을 가진 동물
ASA V	수술 외에는 생존 가능성이 희박한 극도로 위험한 상태의 동물

③ 정맥 라인 설치

정맥라인의 설치는 수액의 투여가 가능하게 하고, 약물 투여의 효과도 증대시키기 때문에 필수적인 절차이다. 일부 수의사는 환자에게 전마취를 실시한 후 환자가 진정이 되면 정맥 라인을 설치한다. 전마취를 실시한 후 이 과정을 진행하면 환자의 스트레스가 최소화되고 훨씬 수월한 진행이 가능하기 때문이다. 다만 국내 동물병원에서는 마취 전에 먼저 정맥 라인을 확보하는 경우가 많다.

④ 수액 투여

수액 투여는 마취 중 혈압을 유지하고, 수술 도중 발생할 수 있는 탈수를 방지하는 데 중요하다. 수액은 환자의 순환계를 안정시키고, 중요한 장기의 기능을 지원한다. 환자를 준비시키는 과정에서의 수액은 일반적인 입원환자 기준으로 투여되지만 마취 및 수술에 들어가게 되면 속도가 더 빨라진다. 일반적으로 마취가 시작되면 수액은 5-10ml/kg/hr의 비율로 투여되며, 일부 병원에서는 수술 전 반나절가량 수액을 미리 투여하여 환자의 상태를 최적화한다. 수술 직후 10ml/kg/hr로 1시간 투여 후, 5ml/kg/h 정도로 조절할 수 있다. 일반적인 수액 투여 속도에 비해 2-4배가량 빠른 것으로, 마취 시 발생하는 저혈압의 방지를 위한 것이다.

⑤ 마취 전 검사

마취 전 검사는 수술이나 마취를 안전하게 진행하기 위한 필수적인 단계로서 환자의 건강 상태를 정확히 평가하고, 마취 및 수술 과정에서 발생할 수 있는 위험을 최소화하기 위해 실시된다. 모든 검사 결과는 수의사에 의해 면밀히 검토되며, 검사 결과에 따라 마취 계획 및 일정이 조정될 수 있다.

- 마취 전 혈액검사: 혈액검사의 정보는 마취제의 선택과 마취 중 약물 투여량 결정에 중요한 기준을 제공한다. 보통 정맥 라인을 확보할 때 혈액을 함께 채취하는 경우가 많다. 일반적으로 혈구검사(complete blood cell count, CBC)와 혈청화학검사(blood serum chemistry)를 함께 실시하여, 빈혈, 염증, 응고계 이상, 장기 기능이상(신장, 간, 췌장 등)을 평가한다. 다만 다양한 상황(대동물이거나 보호자의 경제적 문제 등)에서 간이혈액검사를 실시할 수도 있는데, 간이검사라고 할지라도 혈당, BUN(blood urea nitrogen), HCT(hematocrit), TS(total solids) 등 4개의 항목은 포함된다. 이 4가지 항목을 quick assessment tests(QATS)라고 부르는데, 기계가 없는 상황에서도 간단한 키트와 굴절계 등으로 측정이 가능하다. 하지만 최근 대부분의 동물병원은 기본적인 CBC 검사 기기와 chemistry 검사 기기를 확보하고 있기 때문에 수동적으로 QATs를 검사하는 경우는 흔하지 않다.
- 엑스레이 검사: 엑스레이는 주로 삽관의 적절한 크기를 결정하고, 심장과 폐의 건강 상태를 평가하는 데 사용된다. 특히, 마취 전에 심장의 크기나 폐의 상태를 확인하는 것은 마취 중 발생할 수 있는 호흡계 문제나 순환계 문제를 예방하는 데 중요하다. 추가적으로 엑스레이를 통해 폐렴, 심장 질환, 종양 등의 문제를 사전에 발견할 수 있다.

(2) 전마취(Pre-medication)

① 전마취의 효과

호흡마취는 일반적으로 전마취(pre-medication), 유도(induction), 유지(maintenance), 그리고 회복(recovery)의 네 단계로 이루어진다. 전마취(pre-medication)는 본격적인 마취 절차에 앞서 수행되며, 여러 목적을 가지고 있다. 주요 목적은 환자를 진정시키고, 통증을 관리하며, 근육을 이완시켜 전반적인 마취 절차를 원활하게 하는 것이다. 전마취는 수술의 성공을 위해 필수적인 단계로, 환자의 안전과 수술 중 및 수술 후 합병증의 위험을 최소화하는 데 기여한다. 동물보건사는 이 단계의 중요성을 잘 이해하고, 각 환자에게 적합한 전마취 절차를 실행해야 한다. 이 과정은 환자의 편안함과 수술팀의 작업 효율을 높이는 데 결정적인 역할을 한다. 전마취의 효과는 아래와 같다.

- 전반적인 마취 및 수술절차를 원활하게 함: 전마취 약물에 반응하여 환자는 저항하는 힘을 상실하게 된다. 환자를 다루기 쉽게 만들어 이후의 마취 및 수술절차가 원활해진다. 특히 이 단계에서는 동물의 진정뿐 아니라 진통, 근육이완 효과가 있는 약물도 투여될 수 있으며, 이를 통해 이후의 유도, 유지 및 회복 단계가 부드럽고 안전하게 진행된다.
- 약물 절약 효과: 전마취를 적절히 수행하면 본 마취 단계에서 필요한 약물이 줄어들게 된다. 전반적인 약물 부하를 감소시키고, 회복을 빠르게 하며, 부작용 가능성을 낮춘다.
- 정맥 라인 확보: 위에서 언급한 것처럼 근육주사를 통해 환자를 전마취 후 환자가 충분히 진정된 상태에서 정맥 라인을 확보할 수 있다. 이때 전마취의 목적은 보호자와 의료진이 별다른 스트레스 없이 정맥 라인을 확보하는 데 있다.

② 전마취에서 사용하는 약물

환자에게 필요한 효과(진정, 진통, 근육이완)를 정확히 이해해야 하며, 특히 진정과 진통을 분리해서 이해할 필요가 있다. 진정과 진통은 각각의 목적과 작용 메커니즘이 다르기 때문에, 수술의 성격과 환자의 상태에 따라 적절한 약물을 선정해야 한다. 약제 자체는 혼합하여 사용하는 경우도 많다. 예를 들어 덱스메데토미딘과 오피오이드 계열의 약물을 함께 사용하게 되면 적절한 진정과 진통 효과를 볼 수 있다. 전마취는 위에서 언급한 것처럼 수액라인을 잡을 목적으로 사용하는 경우도 많아, 근육, 피하주사 등이 선호된다.

- 진정(sedation): 진정은 환자가 수술에 대해 과도하게 반응하는 것을 방지하며, 환자를 편안하게 하고 불안을 줄이는 데 목적이 있다. 전마취 단계에서 사용되는 진정제는 환자의 스트레스를 감소시키고, 수술 또는 치료 과정에서의 불편함을 최소화하기 위해 환자를 일시적으로 의식 수준을 낮춘다. 진정은 환자를 완전히 의식을 잃게 하지 않고, 반응은 느리지만 의사소통이 어느 정도 가능한 상태로 유지한다.
- 진통(analgesia): 진통제는 신체의 통증 신호를 차단하거나 감소시켜 환자가 수술 중이나 후에 경험할 수 있는 고통을 줄인다. 진통제는 통증 관리가 필수적인 수술에서 특히 중요하다. 하이드로몰폰과 같은 오피오이드 계열의 약물은 강력한 진통 효과를 제공하며, 이는 환자의 회복 과정을 향상시키고 수술 후 통증을 관리하는 데

도움을 준다. 부토파놀도 오피오이드 계열의 약물이지만 작용 기전이 약간 달라 효과는 더 떨어진다. 대신 구토나 호흡억제와 같이 오피오이드 계열에서 보이는 부작용도 더 적은 장점이 있다. 오피오이드 계열의 약물들은 향정신성 물질이나 마약류에 속하기 때문에 우리나라를 포함한 많은 국가에서는 사용에 엄격한 제한이 있다. 하이드로몰폰, 몰핀, 메타돈, 펜타닐 등은 강력한 오피오이드 제제이다.

- 근육이완(muscle relaxation): 근육 이완은 환자를 안정적인 상태로 유지시켜 수술 중 예기치 못한 움직임으로 인한 사고를 예방한다. 수술 시 접근을 용이하게 하고, 불필요한 조직 손상을 방지하며, 보다 정밀한 수술을 가능하게 한다.

표 4.3 전마취에 사용되는 주요 약물과 특징

약물명	효과	특징
(덱스)메데토미딘 [(dex)medetomidine]	진정, 진통, 근육이완	• 서맥(bradycardia) 부작용 • 아티파메졸(atipamezole)이 길항제
아세프로마진 (acepromazine)	진정	• 두부 외상 등에서 금기
하이드로몰폰 (hydromorphone)	진통	• 구토, 침흘림 부작용
부토파놀 (butophanol)	진통	• 다른 오피오이드 계열에 비해 낮은 진통효과 • 부작용도 더 적음

③ 기타 약물

전마취는 단순히 진정이나 진통의 효과를 넘어서 환자를 수술에 최적화된 상태로 만드는 데 중요한 역할을 한다. 따라서 위에서 언급한 약물 외에 특정 필요를 충족하기 위한 다양한 약물이 동시에 투여된다.

- 항생제: 수술 중 감염의 위험을 최소화하기 위해 사용된다. 이는 수술 부위나 환자의 일반적인 건강 상태에 따라 예방적으로 투여한다.
- 분비억제제: 글라이코피롤레이트(glycopyrrolate) 등의 약물은 항콜린제 중 하나로서, 과도한 침 분비를 억제하여 기도 폐쇄나 흡인성 폐렴의 위험을 줄이기 위해 사용된다.
- 구토억제제: 오피오이드 계열의 진통제는 구토를 유발할 수 있는 부작용이 있어, 구토억제제를 전마취 단계에서 투여하여 이를 방지한다.

(3) 마취유도와 삽관(Induction of Anesthesia and Intubation)

① 마취유도를 위한 약물투여

마취유도는 삽관을 위해 짧은 마취를 유도하는 과정이다. 이 단계에서는 환자의 의식을 빠르게 잃게 하여 수술에 필요한 적절한 마취 상태로 이끈다. 마취유도에 사용되는 약물은 다양할 수 있으나, 대부분의 병원에서는 프로포폴(propofol)을 사용하는데, 이는 그 작용이 빠르고 지속 시간이 짧아 수술 준비에 이상적이며 무엇보다 마취유도가 다른 약물에 비해 대단히 부드럽기 때문이다. 다만 순환계에 문제가 있는 경우 알팍살론(alfaxalone)이 선호되기도 한다. 프로포폴은 주입 속도를 조절하며 천천히 정맥 투여한다. 특히 1/4 정도의 용량을 먼저 천천히 주입하며 환자의 반응을 확인한다. 프로포폴 주입 후, 환자가 의식을 잃으면 즉시 삽관을 진행한다. 프로포폴은 향정신성 물질로 분류되기 때문에, 동물보건사는 사용 후 폐기와 관리에 매우 주의를 기울여야 한다.

표 4.4 유도단계에서 사용되는 주요 마취제

약물명	효과	특징
프로포폴 (propofol)	의식소실	• 부드러운 마취 유도 • 무호흡 유발할 수 있음
알팍살론 (alfaxalone)	의식소실	• 유도와 회복에 있어서는 프로포폴이 선호됨 • 심장에 문제가 있는 경우 프로포폴보다 선호됨

② 삽관(Intubation)

삽관은 호흡마취 시 안정적인 호흡관리를 위한 필수적인 절차로, endotracheal tube(ET 튜브)라고 불리는 길쭉하고 반투명한 튜브를 동물의 기관에 삽입하는 과정이다. 삽관은 마취 중 마취제와 산소를 기도로 직접 전달하기 위해 수행되며, 잘못된 삽관은 호흡마취는 물론 응급 시 기도확보를 불가능하게 할 수 있다.

• 삽관 시기: 프로포폴을 투여하면 동물이 빠르게 의식을 잃게 되며, 이 상태에서 삽관을 시작한다. 보통 프로포폴로 인해 동물이 기절한 직후에 삽관을 실시한다.

그림 4.2 후두경을 이용한 삽관 과정

- 삽관 시 동물보건사의 보정: 프로포폴 투여 후 일부 동물은 일정시간 무호흡(apnea) 상태에 빠질 수 있다. 따라서 삽관은 신속하고 정확하게 이루어져야 한다. 동물보건사는 프로포폴 투여 직후부터 삽관이 완료될 때까지 흉강이나 복강이 들리는지 관찰하면서 자발 호흡여부를 확인해야 한다. 프로포폴 투여 시 동물은 의식을 잃어 스스로 몸을 가눌 수 없기 때문에 동물보건사의 보정이 매우 중요하다. 보정을 할 때 가장 핵심적인 부분은 1) 동물이 좌우로 넘어지지 않게 앉은 상태가 되도록 하고, 2) 입을 크게 벌려야 하며, 3) 입을 벌렸을 때 목구멍이 삽관을 하는 수의사를 향하도록 하는 것이다. 보통 프로포폴 등의 약물은 정맥으로 투여되어 바로 반응이 오기 때문에, 기본적으로 프로포폴 투여 전부터 동물을 안아주는 형태로 부드럽게 보정하고 있어야 의식을 잃어도 동물이 옆으로 넘어지지 않는다.

① 정자세 유지: 배쪽이 아래로 간 상태로(sternal position) 동물의 몸을 정자세로 앉게 한다. 기절한 상태에서 절대 눕히거나 비틀거리게 하지 않도록 주의한다. 동물을 팔꿈치나 어깨 등을 사용하여 정자세로 앉은 상태가 되게 한 후, 목이 꺾이지 않도록 고개를 고정시키는 것이 중요하다. 목이 처지지 않도록 목덜미를 잡는 것이 좋으며, 이렇게 하면 삽관 과정에서 기도가 안정적으로 유지된다. 작은 개의 경우 끌어안아 고정시킬수도 있다.

② 턱 고정: 자세가 어느 정도 고정이 되었다면 한 손은 반드시 동물의 위쪽 턱, 그중에서도 송곳니의 뒷부분을 잡아 자세를 고정해야 한다. 이때 상악은 고정끈(수액줄 등 활용)을 사용해서 위쪽으로 당김으로써 입을 더 크게 벌릴 수도 있다.

③ 각도 조정: 목구멍의 방향을 위쪽으로 하여 삽관을 하는 수의사 쪽을 향하도록 한다. 개는 의식이 없는 상태이기 때문에 제대로 보정하지 않으면 고개가 아래로 떨어지게 되는데, 고개가 떨어지게 되면 후두를 볼 수 없어 삽관에 어려움을 겪을 수 있으므로 주의한다.

그림 4.3 삽관 시 올바른 보정 방법

출처: 미국의 동물보건사 교육 동영상 발췌 (www.youtube.com/watch?v=ibZ8aV0lKbA)

④ 삽관: 삽관시술자(일반적으로 수의사)는 개의 혀를 아래쪽으로 뺀다. 시술자의 한 손으로 혀를 잡은 후 후두경을 넣어 기도를 확인한 후 ET 튜브를 삽관한다. 혀는 보통 시술자가 잡으나 경우에 따라 동물보건사가 혀를 잡고 고정할 수도 있다. 혀는 미끄럽기 때문에 거즈로 잡을 수 있다.

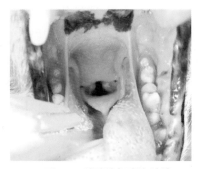

그림 4.4 삽관시술자의 시선

출처: https://www.theveterinary nurse.com/content/practical/end otracheal-intubation-of-the-dog-and-cat/

⑤ ET 튜브의 고정: 삽관이 완료되면 신속하게 고정끈을 머리 뒤쪽(혹은 턱 위쪽)으로 묶어 튜브를 고정한다. 튜브 고정 후에는 달린 작은 풍선(커프, cuff)을 부풀려서 튜브가 기관 내에 자리 잡을 수 있도록 한다. 커프를 부풀리면 튜브가 기관에 적절히 맞도록 하여 공기 누출이나 과도한 압력을 방지된다.

⑤ 삽관 시 준비사항: 삽관에 필요한 준비물은 반드시 미리 준비해두도록 한다. 프로포폴 투여 후에는 신속한 기도확보가 필요하고, 동물을 잡고 있는 상태이기 때문에 빠진 물품이 있으면 대응하기 어렵다. 따라서 동물보건사는 다음의 준비물을 사전에 정확히 준비하고 관리해야 한다.

표 4.5 삽관 시 주요 준비물과 용도

준비품목	용도
후두경 (laryngoscope)	후두를 명확히 보고 ET 튜브를 삽입하는 데 사용한다. 후두경을 혀뿌리에 대고 아래쪽으로 눌러주게 되면 기도가 보여 삽관이 가능하다. 후두경은 **여러 사이즈가 있으므로 이를 감안하여 준비**해야 하며, 특히 건전지로 작동하기 때문에 사전에 **불이 들어오는지의 여부를 반드시 체크**해야 한다.
ET 튜브	동물의 기도를 개방하고 마취제 및 산소를 전달하는 데 사용된다. 멸균은 필수가 아니지만 EO가스를 사용해서 사전에 멸균해두는 경우도 많다. 체중이나 기관 직경에 맞게 ET 튜브를 준비했다고 해도 막상 삽입할 때 생각보다 사이즈가 맞지 않는 경우가 많다. 따라서 ET 튜브는 **예상 사이즈보다 한 사이즈 크거나 작은 것을 함께 준비**한다.
고정끈	튜브를 고정하기 위해 사용되며, 붕대를 잘라 만든 끈이나 수액줄을 사용할 수 있다. **튜브가 어느 정도까지 들어갈지 미리 파악해서 사전에 묶어놔야** 한다. 송곳니에서 견갑골 시작부까지의 길이를 재어[단, 단두종과 고양이의 경우 양쪽 입꼬리가 모이는 부분(commissure of the lips)에서부터 측정] 튜브가 삽입될 정확한 깊이를 결정한다.
거즈	삽관시술자는 혓바닥을 아래쪽으로 잡게 되는데 혀는 침으로 인해 미끄럽기 때문에 거즈로 잡는다.
빈 주사기	ET 튜브에 달려 있는 커프에 공기를 주입하거나 빼내는 데 사용된다. 커프은 기도로 들어가서 튜브를 고정하는 역할을 하는데, 커프에 손상이 있을 경우 부풀지 않아 고정이 어렵다. **따라서 사전에 주사기로 바람을 넣고 빼보아서 커프이 제대로 부풀고 있는지 확인**해야 한다. 검사 후에는 커프에서 공기를 빼서 삽입 준비를 완료한다.
리도카인 젤 (lidocaine gel)	ET 튜브의 앞쪽 끝에 리도카인 젤을 바른다. 젤은 삽입 시 발생할 수 있는 통증을 줄이고, 튜브 삽입을 용이하게 하며, 후두와 기관의 자극을 최소화한다.
국소마취제 스프레이	고양이에 해당되는 사항으로서 후두의 민감도를 감소시켜, 삽관을 용이하게 하고 삽관 과정에서 발생할 수 있는 자극을 최소화한다.

- ET 튜브의 선정: 개의 경우 체중에 따라 편차가 크고 이에 따라 기도의 사이즈도 다르기 때문에 다양한 사이즈의 ET 튜브를 사용하게 된다. ET 튜브는 크기게 따라 직경은 물론 길이도 다르기 때문에 튜브가 너무 깊숙이 들어가거나 너무 얕게 위치하는 것을 방지해야 기도를 효과적으로 확보하고, 삽관의 정확성을 높일 수 있다. ET 튜브는 체중을 기반으로 사이즈를 결정한다. 다만 국내의 많은 병원에서는 기관 내경을 직접 측정하고 내경의 60-70%가량 직경을 가진 튜브를 선정하는 경우가 많다. 이러한 경우에는 술전 검사를 위해 찍어둔 흉부 엑스레이 사진을 차트를 통해 확인하고 사이즈도 측정해야 한다. 우측 표의 내용은 체중을 기반으로 했을 때(단, 비만견이 아닌 일반적인 체중 기

준) 적절한 ET 튜브의 사이즈이다.

- 삽관 직후 동물보건사의 역할: 삽관이 끝나면 동물을 한쪽으로 눕히게 되며 ECG (electrocardiogram, 심전도)를 비롯한 모니터링 기계를 연결하게 된다. ET 튜브와 마취기를 연결한 후, 산소 공급과 함께 마취기(기화기)를 켠다. 이를 통해 적절한 산소와 마취제를 환자에게 공급한다. 프로포폴은 단시간에 효과가 있는 마취제이기 때문에 기화기 켜는 것을 깜빡하는 경우 환자는 깨어나게 된다. 한편 모니터링 시 호흡을 면밀히 관찰할 필요가 있는데, 프로포폴로 인해 호흡이 뜨지 않는 경우(무호흡, apnea)가 있다. 다만 연결에 문제가 있거나 삽관 문제인 경우도 있기 때문에 이를 먼저 확인해야 한다. 호흡이 지연되는 경우에는 적극적으로 호흡을 자극하기보다는 이산화탄소가 자연스럽게 호흡

표 4.6 체중 기반의 적절한 ET 튜브 사이즈

동물	체중(kg)	튜브사이즈(mm)
개	2	5
	3.5	5.5
	4.5	6
	6	6.5
	8	7
	10	7.5
	12	8
	14	8.5
	16	9
	18	9.5
	20	10
	25	11
	30	12
고양이	1	3
	2	3.5
	3.5	4
	4 <	4.5

중추를 자극하도록 한다. 축적된(accumulated) 이산화탄소가 호흡중추를 자극하게 되면 자연스럽게 호흡이 돌아오는데, 프로포폴로 인한 호흡의 지연은 일시적인 것으로서 대부분 큰 문제 없이 정상으로 돌아온다. 프로포폴로 인한 무호흡일 경우 호흡백을 너무 빈번하게 짤 경우, 호흡중추를 자극할만한 충분한 수준의 이산화탄소가 축적되지 않기 때문에 분당 1-2회 수준으로 짜주는 것이 좋다.

- 삽관이 제대로 되었는지 확인하는 방법: 기관 내로 정확히 ET 튜브가 들어가야 한다. 튜브가 기도가 아닌 식도로 삽관되면, 환자의 호흡이 제대로 이루어지지 않으므로 소용이 없다. 삽관이 제대로 되었다면, 모니터링 장비에서 $EtCO_2$ 그래프를 통해 환자가 숨 쉬는 것을 확인할 수 있다. 다만 호흡이 지연되는 경우 확인이 늦어질 수 있다. 삽관이 제대로 되었는지 확인하기 위해 목을 만져볼 수도 있다. 관이 하나만 느껴져야 하고, 이는 ET 튜브가 기관 내로 들어갔음을 의미한다. 삽관이 식도에 잘못 삽입되면, 목에서 두 개의 딱딱한 관(식도 내 ET 튜브와 기관)이 느껴질 수 있다.

(4) 마취 유지(Maintenance of Anesthesia)

마취 유지는 마취 유도 후, 수술이 끝날 때까지 마취 상태를 지속적으로 유지하고 관리하는 단계이다. 이 과정에서 동물보건사는 마취 깊이와 환자의 상태를 면밀하게 모니터링하여 안전한 수술 환경을 유지해야 한다.

① 기화기 작동

삽관이 완료되고 호흡마취기가 튜브에 연결되면 기화기를 켜게 되는데 이때 호흡마취가 본격적으로 시작된다. 마취가 시작되면 바로 수술에 들어가는 것이 아니라, 먼저 털을 깎고 1차 소독을 진행한다. 병원에 따라 이 작업은 준비실에서 이루어지며, 이후 수술실(operating room)로 이동하기도 한다. 준비실에서 수술실로 이동할 때는, 수술실에 있는 마취기를 사용해야 하므로 삽관된 상태에서 마취기, ECG 등을 모두 제거하고 환자를 신속하게 옮긴 후, 빠르게 다시 수술실의 마취기 및 기타 모니터링 기기에 연결해야 한다. 만약 거리가 멀다면 작은 산소탱크가 달린 이동식 마취기를 사용할 수 있다.

② 수술 실시 및 모니터링

수술대에 환자를 고정한 후, 멸균 소독과 수술포 준비를 철저히 한다. 모든 수술 준비가 완료되면 본격적인 수술을 시작한다. 일반적으로 수술집도자는 마취팀에 수술 가능 여부를 묻게 되고, 마취팀이 승인하게 되면 수술이 시작된다. 마취를 유지할 때 가장 중요한 것은 환자의 모니터링과 기화기의 조절이다.

- 마취 모니터링: 동물마다 마취에 대한 반응성이 다르기 때문에, 모든 환자에 대해 개별적으로 모니터링을 철저히 해야 한다. 마취를 유지하는 동안 환자의 호흡, 심박수, 산소포화도 등을 지속적으로 모니터링해야 하는데 세부적인 과정은 후술한다.
- 기화기의 조절: 마취가 얕아지면 각성으로 이어지고, 마취가 깊어지면 사망으로 이어지기 때문에 깊이는 항상 적절히 조절되어야 한다. 환자의 의식이 돌아오지 않도록, 그럼에도 죽지 않도록 하는 것이 마취유지의 핵심이다. 마취 중 기화기의 다이얼을 돌려 마취가스의 농도를 조절하는데, 마취가 얕으면 마취가스를 더 틀고, 마취가 너무 깊으면 마취가스를 줄이는 방식으로 마취 상태를 유지한다. 기화기의 농도는 0-5까지로서, 일반적으로 최초에는 높은 농도로 시작하여 유지할 때는 농도를 낮추게 된다. 삽관 직후 3 정도로 설정해 마취를 시작하며 수술과정에서 2-3 사이로 유지된다. 다만 이것은 일반적인 경우이고 마취가 얕다고 판단되면 언제든 높일

수 있다. 그러나 기화기의 수치를 올린다고 바로 마취 상태가 바뀌는 것은 아니고 일정 시간을 기다려야 한다. 만약 환자가 앞다리를 휘젓는 등(paddling) 급격히 각성하는 경우 기화기를 수치를 올려서 마취를 조절하는 것은 너무 늦다. 이때는 정맥을 통한 프로포폴 투여가 효과적이므로 동물보건사는 기화기 근처에 반드시 일정량의 프로포폴을 준비해두고 있어야 한다. 급할 때 수의사는 준비된 프로포폴을 정맥 라인을 통해 투여하게 된다.

③ 유지단계에서 사용되는 호흡마취제

호흡마취제는 폐를 통해 마취제가 배출되고 조절도 용이하기 때문에 주사마취제에 비해 더 안전한 측면이 있다. 현재는 이소플루란(isoflurane)이 가장 널리 사용된다. 세보플루란(sevoflurane)의 경우 유도와 회복이 더 좋고, 환자의 상태가 좋지 않을 때 더 안정적인 마취가 가능한 장점이 있으나 가격이 비싸고, 기화기가 추가적으로 필요하기 때문에 대부분 이소플루란만 사용하는 경우가 많다.

(5) 마취 회복(Recovery of Anesthesia)

마취 회복은 마취가 끝난 후 환자가 의식을 되찾는 단계로, 모든 마취를 마무리하는 매우 중요한 과정이다. 이 단계는 환자의 상태가 불안정할 수 있으므로 철저한 관찰과 주의가 필요하다. 특히 회복 단계는 사고가 가장 빈번하게 발생하는 단계이므로 주의를 기울여야 한다. 회복단계 문제는 사망이나 후유증을 유발할 수 있다.

① 마취 회복의 순서

- 마취기화기 끄기: 수술이 종료되면 더 이상 마취가 필요하지 않기 때문에 마취를 종료할 수 있다. 마취가 끝나면 마취기화기를 끄지만, 산소는 계속 공급하여 환자의 호흡을 보조한다. 마취가 완전히 깨기 전까지 산소 공급은 필수적이다.
- 발관(Extubation): 발관은 ET 튜브를 제거하는 단계로서 마취 회복 과정에서 매우 중요한 단계이며, 적절한 시점에 안전하게 수행해야 한다. ET 튜브가 연결되어 있으면 응급 상황에서 신속한 대처가 가능하기 때문에 환자의 의식이 완전히 돌아오기 전에는 성급히 제거하지 않는 것이 좋다. 마취가 완전히 깨버린 상태에서 튜브를 제거하면 환자가 갑작스러운 움직임을 보이고, 튜브에 의해 기도가 손상될 수 있으므로 적절히 반응을 보일 때, 깨기 시작하는 시점을 포착하여 빼는 것이 중요하다. 발관을 준비하면서 다음의 사항을 확인한다.

① 자발 호흡 확인: 흉강과 복강이 움직이며 자발적으로 호흡을 하는지 확인한다. 이는 환자가 호흡을 자발적으로 할 준비가 되었는지를 판단하는 중요한 기준이다.

② 눈꺼풀 반사: 눈꺼풀 반사가 나타나면 마취가 서서히 깨고 있다는 신호이다. 이때 환자가 곧 깨어날 것으로 예상할 수 있다.

③ 발관 시점: 이빨을 깨무는 저작반응이나 삼키려는 행동이 보이면 관을 제거한다. 저작반응이나 삼키는 행동이 없더라도 환자가 고개를 들거나 눈을 뜨는 등 의식이 완전히 돌아왔다고 판단될 때에는 신속히 튜브를 제거해야 한다. 고양이는 더 민감해서 혀만 움직여도 튜브를 제거할 수 있다. 고양이의 경우 섬세한 반응을 주의 깊게 관찰해야 한다.

- 환자 이동 및 관찰: ET 튜브 제거 후에는 환자를 입원실로 옮겨 지속적으로 관찰한다. 이때 환자의 회복 상태를 면밀히 확인하여 응급 상황을 예방한다. 마취 회복 중에 저체온증이 자주 발생하므로 체온을 측정한 후 가온 처치를 해주는 것이 좋다. 적절한 체온 관리는 회복 속도와 환자의 안정성을 높이는 데 필수적이다. 필요에 따라 회복 중 진통제를 추가로 투여하여 환자의 통증을 관리한다. 이는 환자가 깨어난 후에도 고통 없이 편안하게 회복할 수 있도록 돕는다.

- 의식 완전 회복: 환자가 완전히 깨어나서 비틀거리지 않고 정상적인 의식 수준을 보이면 모든 마취 과정이 마무리된다. 이 시점에서 보호자에게 술후 경과에 대한 전화를 한다. 다만 완전히 회복한 후에도 중간중간 환자의 상태를 확인하는 것이 좋다. 특히 체온 문제와 같은 중요 사항은 이후 모니터링 과정에서 철저히 관리해야 한다.

② 회복단계에서 사용되는 주요 약물

마취 회복 단계에서 사용되는 주요 약물은 환자의 의식 회복과 안정적인 회복을 지원하기 위한 목적으로 사용된다. 회복단계에서 사용되는 약물은 일률적이지 않으며 환자의 상태에 따라 사용하게 된다. 일반적으로 진통제와 항생제는 필수적으로 사용되는 편이다.

표 4.7 회복단계에서 사용되는 약물

약물종류	효과 및 역할
진통제	수술은 통증을 수반하기 때문에 환자의 통증 관리는 필수적이다. 진통수준에 따라 NSAID (nonsteroidal anti-inflammatory drug, 비스테로이드성 소염진통제) 계열 약물(멜록시캄, 카프로펜 등)부터 펜타닐 등 강력한 진통제까지 사용 가능하다.
항생제	술후에 가장 큰 합병증은 감염이기 때문에 예방적 차원에서 항생제가 투여된다. 수술 중에도 시간이 길다면 항생제는 정맥으로 투여된다. 항생제는 다양한 계열이 있기 때문에 환자의 상태와 수의사의 선호도에 따라 투여되는 약제가 달라진다.
진정제	술후 환자가 불안 상태를 보이거나 공격성을 보이는 경우 필요에 따라 사용한다.
구토억제제	과도한 침흘림, 구토 등의 증상이 있을 때 사용한다.
길항제 (reversal)	주사마취나 간단한 시술의 경우 회복이 지연되면 길항제를 사용하여 각성할 수 있다. 다만 길항제의 경우 사용 농도에 따라 역효과가 나는 경우가 생길 수 있어 사용에 주의해야 한다.

③ 마취 후 발생 가능한 합병증

개나 고양이에서 마취가 끝나고 회복 후 발생할 수 있는 합병증은 여러 가지가 있으며, 이는 환자의 상태, 수술의 종류, 마취된 시간 등에 따라 다르다. 사실 수술 후 생길 수 있는 가장 흔한 합병증은 감염 및 술부 출혈 등인데, 이는 마취 자체로 인한 것이 아니라 수술에 의한 것이므로 논외로 한다.

- 저체온증(hypothermia): 마취 후 가장 흔한 합병증은 저체온증이다. 마취 중 체온 조절 능력이 저하되기 때문에, 저체온증은 흔한 합병증이다. 특히 작은 동물일수록 체온 유지가 어려워 마취 후 저체온증이 자주 발생한다. 저체온증이 있는 동물은 떨림, 기운 없음, 정상 체온 회복 지연 등의 증상을 보인다. 동물보건사는 회복 후 적극적으로 체온을 모니터링하고, 가온 장치를 사용하여 적절한 체온을 유지해야 한다. 저체온증에 관한 자세한 사항은 후술한다.
- 마취 약물의 부작용: 오피오이드 계열 진통제 사용으로 인해 과도한 침흘림이 발생할 수 있으며, 약물로 인한 과한 각성과 불안 반응을 보일 수 있다. 필요에 따라 구토억제제와 진정제 사용이 가능하다. 의식혼란 및 방향감각 상실이 오는 경우 케이지 내에서 심하게 비틀거릴 수 있으므로 케이지 내에 쿠션 등을 미리 설치하여 머리 등이 부딪히는 것을 방지할 필요가 있다.
- 신장기능 저하: 마취 중 저혈압으로 인해 신장에 충분한 혈류가 공급되지 않으면 회복 후 신장 기능이 저하될 수 있다. 따라서 회복 후 입원 시에 신장 기능을 모니터링하고,

소변 배출량을 모니터링한다.

- 기도 손상: 삽관된 튜브가 기관을 자극하여 염증 등을 발생시키면, 마취가 끝난 후 일정 기간 동안 동물이 기침 및 컥컥거림을 보일 수 있다.
- 기타: 부정맥, 저혈압, 호흡 곤란 등의 증상이 생길 수 있다.

03 호흡마취기의 이해 Understanding the Anesthesia Machine

1 호흡마취기 이해의 중요성 Importance of Understanding the Anesthesia Machine

주사마취는 별다른 기기가 사용되지 않지만, 호흡마취는 마취기계가 필수적이다. 호흡마취기는 산소와 마취 가스를 환자의 폐로 전달하여 환자의 의식을 잃게 하고, 수술 중 통증을 차단하는 장비다. 이를 통해 마취를 유도하고, 수술 중 적절한 마취 깊이를 유지하며, 수술이 끝날 때까지 환자가 안정적으로 호흡할 수 있도록 돕는다. 마취기의 각 구성 요소를 이해하고, 이를 정확하게 조작하는 것이 필수적이며, 가스 농도 조절과 산소 공급에 대한 이해도 필요하다. 따라서 마취기의 작동 원리와 사용법을 충분히 이해하는 것은 동물보건사로서 필수적인 기술이며, 이를 통해 마취 중 발생할 수 있는 다양한 상황에 대처하고 환자의 안전을 보장할 수 있다.

2 호흡마취기의 종류 Types of Anesthesia Machines

마취회로(anesthesia circuit)는 마취기와 환자를 연결하여 마취 가스나 산소를 환자의 폐로 전달하고, 환자의 호흡을 도와주는 역할을 하는 시스템이다. 이 회로는 마취 중에 환자의 호흡을 관리하고, 적절한 마취 깊이를 유지하며, 이산화탄소를 제거하는 기능을 수행한다. 마취회로에 따라 마취기계 역시 달라지게 된다. 마취회로는 크게 폐쇄형[closed, 혹은 재호흡형(rebreathing)]과 개방형[open, 혹은 비재호흡형(non-rebreathing)]으로 나뉜다. 이를 세분화하여 반(semi-)폐쇄형/개방형 분류도 있으나 여기서는 간단하게 폐쇄형과 개방형으로만 분류하여 기술한다. 개방형과 폐쇄형의 가장 큰 차이는 이산화탄소의 재흡수 여부로서, 폐쇄형은 이산화탄소를 재흡수할 수 있는 캐니스터(canister)를 가지고 있다.

- 개방형 마취회로: 개방형은 마취 가스를 재활용하지 않고, 새로운 가스를 지속적으로 공급하는 시스템이다. 이 회로는 공기가 빠르게 순환되며, 재활용하지 않기 때문에 이산화탄소를 흡수하는 시스템(scavenger system)이 필요하지 않다. 7kg 정도 이하의 작은 동물은 폐쇄형 시스템에서 호흡 저항이 커질 수 있다. 소형 동물에서는 개방형이 더 안전하고 마취 깊이의 조절도 빨라 더 효과적이다. 다만 마취 가스의 소비량이 더 많아 비용이 증가할 수 있다.
- 폐쇄형 마취회로: 폐쇄형은 마취 가스를 재활용하는 시스템으로, 동물이 내뱉은 호흡 중 일부 가스를 다시 사용한다. 이 시스템은 이산화탄소 흡수제를 사용해 호흡을 정화한 후, 남은 산소와 마취가스를 환자에게 재공급한다. 가스를 재활용함으로써 마취 가스 사용량이 줄어들고, 비용을 절감할 수 있다. 경제적이며, 호흡 가스의 습도와 온도를 유지하고, CO_2 흡수 과정에서 발생하는 열로 인해 환자의 체온을 유지하는 데 도움을 준다. 다만 가스 흐름에 대한 저항이 있어 작은 동물에게는 호흡이 더 어려울 수 있다.

체중에 따라 마취 시스템을 폐쇄형, 개방형으로 나누어 진행하는 것이 가장 이상적이지만 대부분의 동물병원에서는 비용과 장비라는 현실적인 문제로 인해 개의 크기와 관계없이 캐니스터가 장착된 폐쇄형 시스템을 사용하는 경우가 많다. 본 교재에서도 캐니스터가 장착된 기기를 중심으로 설명한다.

③ 호흡마취기의 구성 Components of the Anesthesia Machine

호흡마취기를 올바르게 사용하려면, 먼저 각 부품의 역할을 숙지해야 한다. 기화기, 산소 공급 장치, 압력 감지기 등의 작동 원리를 이해하고, 수술 중 필요한 가스 농도와 환자의 상태를 적절하게 모니터링해야 한다. 위에서 언급했듯이 폐쇄형 호흡마취기는 마취 과정에서 산소와 마취제를 재활용하여 사용하는 시스템으로, 이 시스템은 마취제와 산소가 혼합되어 폐로 들어가고 사용 후 캐니스터에서 이산화탄소가 제거된 후 팝오프 밸브를 통해 일부 가스가 외부로 배출되는 방식으로 작동한다. 다음은 호흡마취가 어떻게 진행되는지 기계를 중심으로 흐름을 구성한 내용이다.

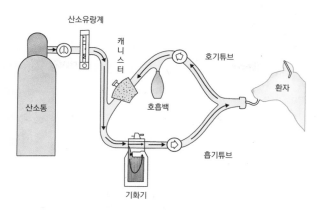

그림 4.5 호흡마취의 흐름(폐쇄형)

출처: https://www.osha.gov/waste-anesthetic-gases/workplace-exposures-guidelines

① 산소통(oxygen tank)과 유량계(flowmeter): 마취를 시작하기 위해 산소통에서 산소가 유량계를 통해 흐르기 시작한다. 유량계는 산소가 환자에게 공급되는 속도(유량)를 조절하는 장치이다. 유량계의 다이얼을 통해 산소 공급 속도를 조절할 수 있으며, 이로써 환자에게 적절한 산소를 공급할 수 있다.

② 기화기(vaporizer): 유량계를 통해 조절된 산소는 기화기로 이동한다. 기화기는 마취제를 기화시켜 환자가 흡입할 수 있도록 기체 형태의 마취제로 만드는 역할을 하는데, 기화기에서 산소에 마취 가스가 섞여 환자에게 전달될 마취 가스의 농도를 조절된다. 기화기의 다이얼을 이용해 마취제 농도를 조절할 수 있으며, 이를 통해 마취의 깊이를 관리한다.

③ 흡입 호스(inspiratory breathing tube): 기화된 마취 가스는 본격적으로 호흡 회로로 들어가서 흡입 호스를 통해 마취 가스가 환자에게 전달된다.

④ 환자(patient): 환자의 기도를 통해 마취가스를 흡입한다.

⑤ 호기 호스(expiratory breathing tube): 환자가 내쉰 가스는 호기 호스를 통해 캐니스터로 이동한다.

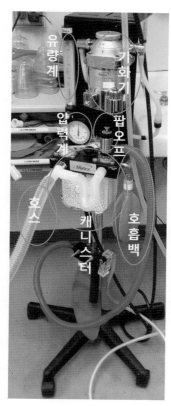

그림 4.6 호흡마취기와 그 구성

⑥ 이산화탄소 흡수 캐니스터(CO_2 absorbent canister): 캐니스터에는 소다라임이 들어있으며, 이를 통해 환자가 내쉰 호기에서 이산화탄소를 제거한다.

⑦ 팝오프 밸브(pop-off valve): 이 밸브는 회로 내 과도한 가스 압력이나 부피를 조절한다. 적절한 압력을 유지하기 위해 가스가 이 밸브를 통해 외부로 방출된다.

⑧ 호흡백(reservoir bag): 깨끗해진 가스는 다시 호흡백으로 이동하여 다음 호흡을 위해 저장된다. 호흡백은 동물이 호흡하지 못할 때 수동으로 공기를 환자의 폐로 밀어 넣는 역할을 한다. 환자의 호흡이 약할 때 호흡백을 눌러 호흡을 보조할 수 있다.

⑨ 재순환: 앞에서 언급한 과정은 환자가 마취 상태를 유지하는 동안 계속해서 반복된다. 기화기와 산소유량계를 통해 환자가 필요로 하는 적절한 마취가스와 산소가 제공되며 이를 통해 마취가 유지된다.

• 기타 구성요소

- 압력계(manometer): 회로 내의 압력을 표시하는 장치로, 마취 회로에서 발생하는 압력을 모니터링할 수 있다. 과도한 압력은 폐에 손상을 줄 수 있으므로, 호흡백을 짤 때, 압력계 수치를 확인해야 한다.

- 산소 플러시 버튼(oxygen flush button): 이 버튼을 누르면 순간적으로 마취제 공급을 중단하고 100% 산소를 빠르게 공급할 수 있다. 산소가 기화기를 통과(by-pass)하는 원리로서 이는 긴급 상황에서 마취 가스를 제거하고 순수한 산소만을 환자에게 공급할 때 사용된다. 마취가 깰 수 있기 때문에 호흡백을 채울 목적으로 빈번하게 사용하는 것은 권장되지 않는다.

4 호흡마취기 조작에 있어 동물보건사의 역할 Role of Veterinary Nurses in Operating the Anesthesia Machine

마취기계는 수술 중 환자의 상태를 안정적으로 유지하는 중요한 장비이므로, 이를 충분히 이해하고 있어야 마취 관리가 원활히 이루어진다. 안전한 마취를 위해 기계의 흐름과 구성요소를 이해하는 것은 물론 동물보건사는 다음에 기술된 내용을 문제 없이 수행해야한다.

(1) 산소탱크의 산소량 체크(Checking the Oxygen Level in the Tank)

마취를 시작하기 전에 산소탱크의 산소량을 반드시 확인해야 한다. 산소가 충분하지 않으면 환자의 호흡이 불안정해지고, 저산소증 같은 응급상황이 발생할 수 있다. 탱크 게이지를 통해 산소량을 확인하고, 다 사용한 탱크는 즉시 교체해야 한다. 산소탱크 교체 시 안전하게 다루어야 하며, 커넥터형의 경우 간단히 연결을 변경해 새로운 산소탱크를 사용한다.

(2) 산소유량계를 통한 산소 속도 조절(Adjusting the Oxygen Flow Rate Using an Oxygen Flowmeter)

마취 중 환자에게 적절한 산소를 공급하기 위한 중요한 단계로, 환자의 체중에 맞춰 산소 흐름을 조절해야 한다. 적절한 산소 공급이 이루어지지 않으면 저산소증과 같은 위험한 상황이 발생할 수 있다.

- 삽관 전: 삽관이 되지 않은 경우에는 환자의 입에 산소 마스크나 산소 튜브를 대서 산소를 공급한다. 이 경우에는 산소가 직접 기도로 전달되지 않으므로 산소 흐름을 비교적 높게 설정하는 것이 일반적이다. 1-2L/min 정도로 설정하여 충분한 산소 공급을 보장한다.
- 삽관 후: 유량계를 통해 조절하며 산소는 보통 0.5-1L/min의 흐름으로 시작한다. 유량계의 다이얼을 좌측으로 돌리면 유량계 내의 볼(작은 쇠구슬)이 위로 상승하고, 우측으로 돌리면 볼이 아래로 하강한다. 우측으로 완전히 돌려서 볼이 아래로 완전히 하강하는 경우 무리해서 더 돌리지 않도록 주의한다. 무리해서 돌리는 경우 다이얼이 손상된다. 산소 흐름은 환자의 체중에 맞춰 조절해야 한다. 일반적으로 환자의 체중(kg)당 25-50ml/kg/min 정도로 산소를 공급한다. 10kg의 개라고 하면 50ml X 10kg = 0.5L이므로, 0.5L/min 정도로 공급한다. 보통 10kg 이하의 개에서는 0.5 정도로, 10-20kg 사이에는 1 정도로, 20kg 이상에서는 2 정도로 간편하게 산정하여 잡기도 하나 절대적인 수치라고 볼 수 없으며, 초기에는 이보다 다소 높게 잡을 수도 있다. 또한 비만견이나 호흡문제가 있는 경우 더 높은 속도가 필요하다. 단, 개방형 시스템에서는 산소의 흐름이 훨씬 빠르기 때문에 체중(kg)당 200-300ml/kg/min로 산소를 공급하는 것이 일반적이다.

(3) 기화기 작동(Operation of the Vaporizer)

동물보건사는 마취가 얕거나 깊을 때 기화기를 적절하게 조절할 수 있어야 한다. 마취 깊이는 수술 중 환자의 상태에 따라 조정해야 하며, 이를 통해 마취가 지나치게 깊거나 얕지 않도록 유지할 수 있다. 마취 모니터링 중 마취가 깊거나 얕다고 판단되면 기화기를 조절하는 것이 첫 번째 대응이다.

- 기화기 조절 방법: 마취가 깊으면 기화기의 설정을 0.5 단위로 낮추고, 마취가 얕으면 0.5 단위로 올린다. 기화기는 0부터 5까지 설정되어 있는데 아래의 수치는 일반적인 기화기 조절 농도나 절대적인 것은 아니다. 급하다면 기화기는 5수준으로 올릴 수도 있다. 기화기 농도는 전체적으로 마취의 상태를 보고 결정하게 된다.

그림 4.7 기화기의 이소플루란 충전
(빨간 화살표: 체크 부위
검은 화살표: 넣는 부위)

출처: https://www.fishersci.com/shop/
products/isoflurane-vaporizer/NC9587746
출처: https://avantehs.com/p/778/es

- 삽관 직후: 3 정도로 설정
- 수술 준비 시: 2.5-3
- 본격적인 수술 과정: 2.5 전후로 유지
- 수술 종료: 기화기를 꺼서 마취를 끝낸다.

- 이소플루란(isoflurane) 보충: 마취약이 부족하면 마취 깊이가 얕아지거나 마취에서 깨어날 수 있어, 환자가 위험해질 수 있다. 따라서 마취 중간에도 마취약의 잔량을 주기적으로 확인하고, 충분한 양을 유지해야 한다. 이소플루란은 흔히 사용되는 흡입 마취제로, 기화기를 통해 환자에게 마취 가스를 전달한다. 마취 중 마취약이 떨어지거나 양이 적으면 마취의 깊이가 불안정해질 수 있으므로, 수술 전과 중간에 마취약의 양을 체크해야 한다. 이소플루란의 양이 부족하다면 즉시 기화기에 보충한다.

(4) 체중에 맞는 호스와 호흡백 준비(Preparing the Hose and Reservoir Bag According to Body Weight)

체중에 맞는 ET 튜브, 호흡백, 호스를 적절히 준비하는 것도 중요하다. 환자의 크기와 상태에 맞는 장비를 사용해야 기도가 안전하게 확보되며, 환자가 안정적으로 호흡할 수 있다.

- 적절한 호흡백 준비: 호흡백은 500ml, 1L, 2L 등 다양한 크기로 제공되며, 적절한 크기를 선택해야 한다. 일반적으로 체중(kg)에 60-90ml를 곱한 후 이것보다 큰 사이즈의 호흡백을 고르게 된다. 이 계산법은 환자의 1회 호흡량(tidal volume, 체중당

10-15ml)의 6배(범위는 3-6배까지 잡을 수 있음) 곱한 것을 기준으로 나온 수치이다. 가령, 8kg 의 개라면 8kg×60~90ml=540~720ml이고, 최대 720ml보다 큰 1L 호흡백을 쓰면 된다. 다만 이를 간소화해서 체중별로 정해두는 경우가 있는데, 5kg 이하는 0.5L, 5-10kg은 1L, 10-20kg(혹은 10-30kg)은 2L 정도로 나눠서 호흡백을 고르는 식이다.

그림 4.8 동물병원에 구비된 다양한 종류/사이즈의 호흡백과 마취호스

- 마취호스 선택: 마취호스는 사용되는 회로에 따라 다양한 크기와 형태로 제공된다. 폐쇄형

과 개방형 시스템에 따라 호스의 크기와 길이가 달라지며, 각 시스템에 적합한 호스를 준비해야 한다. 보통 폐쇄형 시스템에는 F circuit이 많이 사용되며, 체중에 따라 호스의 크기가 달라질 수 있는데 호스의 색으로 구분하기도 한다. 호스 연결 시에는 흡기부(inhalation)과 호기부(exhalation)가 구분되어 있는데, F circuit의 경우 색깔이 있는 부분을 흡기부에 연결하고 투명한 커넥터 부위를 호기부에 연결하면 된다. 흡기, 호기 연결부는 마취기에 표시하는 경우가 많다. 호스는 사용 후 세척, 건조해야 하며, 사용 시에는 손상, 깨짐, 찢어짐 등이 없는지 반드시 체크해야 한다. 호스가 손상된 경우 마취가스가 누출되어 수술팀이 위험할 수 있기 때문이다.

(5) 소다라임 관리(Scavenger System Management)

동물보건사는 캐니스터(canister) 내의 소다라임(이산화탄소 흡수제)과 액상으로 된 호흡마취제의 상태를 점검하고, 교체 시기를 관리할 수 있어야 한다. 이산화탄소가 제대로 제거되지 않으면 환자의 호흡에 문제가 발생할 수 있으므로, 정기적인 관리가 필요하다.

- 소다라임 교체: 소다라임은 마취기 캐니스터 내에서 이산화탄소를 흡수하여 환자가 다시 호흡할 수 있는 공기를 정화하는 역할을 한다. 이를 통해 환자가 내뱉은 이산화탄소가 다시 폐로 들어가지 않도록 하여, 안전한 마취 환경을 유지한다. 소다라임이 더 이상 이산화탄소를 흡수하지 못하면 환자의 호흡 상태에 악영향을 미칠 수 있으므로, 교체 시기를 놓치지 않도록 주의해야 한다. 수술 전에 항상 소다라임의 상태를 점검하고, 필요시 즉시 교체하는 것이 중요하다. 소다라임이 다 사용되면 색이 자주색으로 변한다. 그러나 색이 변하지 않는 경우도 있으므로, 병원에서 정한

기준에 맞춰 교체해야 한다. 일반적으로 2-3주 사용 후 교체하는 것이 바람직하며, 순수 마취시간으로는 6-8시간 사용 후 교체한다. 마취기에 따라 다르지만 $PICO_2$라는 수치도 있는데 이것이 상승하면 호흡하는 기체의 이산화탄소가 증가한다는 의미로서 소다라임의 교체가 필요하다.

(6) 마취기의 사전점검(Preoperative Check of the Anesthesia Machine)

마취기계가 제대로 작동하는지, 혹은 가스가 새는지 등의 검사를 할 수 있어야 한다. 마취가스의 누출은 환자뿐아니라 의료진도 위험에 처하게 할 수 있다. 따라서 회로에서 누출되는 부분이 있는지 철저하게 사전점검해야 한다.

- 공기누출테스트(leak test): 호흡회로(튜브 등)에 균열이나 손상이 있으면 마취 가스가 새어 나가 환자의 마취 상태가 불안정해지고, 위험한 상황이 발생할 수 있다. 공기가 새는지 테스트를 통해 회로가 안전한지 확인하는 것이 필수적이다.

① 팝오프 밸브를 닫는다: 평소 열려 있어야 하는 팝오프 밸브를 닫아서 공기가 빠져 나가지 않도록 한다.

② 공기가 새지 않도록 호흡회로의 튜브 끝을 손가락으로 꽉 막는다.

③ 플러시밸브를 눌러 순간적으로 산소를 회로에 공급한다. 이때 호흡백이 빠르게 차기 시작한다.

④ 압력계가 올라가기 시작하며, 이때 압력계의 바늘이 안정적으로 고정되어 있어야 한다. 압력계의 바늘이 움직이지 않고 일정하게 유지되면 공기가 새지 않는 것이다.

⑤ 만약 압력계의 바늘이 떨어지면, 이는 공기가 새고 있음을 의미한다. 이런 경우 즉시 회로를 점검하고 균열이나 손상을 찾아 교체하거나 수리해야 한다.

⑥ 테스트가 끝나면 반드시 팝오프 밸브를 열어둔다.

(7) 배깅 및 팝오프 밸브 점검(Bagging and Pop-off Valve Inspection)

호흡이 필요할 때 호흡백을 이용해 배깅을 원활히 할 수 있어야 한다. 특히 배깅 중 팝오프 밸브 조절을 통해 적절한 압력으로 호흡을 보조할 수 있으며, 이를 통해 환자의 호흡을 안정적으로 유지할 수 있다. 호흡백을 사용할 때, 팝오프 밸브를 조정하여 압력을 조절한다. 호흡백을 짤 때는 팝오프 밸브를 잠시 닫았다가, 바로 다시 열어야 한다. 이를 통해 환자에게 필요한 압력으로 공기를 전달할 수 있다.

팝오프 밸브는 평소에 반드시 열려 있어야 한다. 이는 마취 회로 내의 압력을 조절하고 과도한 압력이 환자에게 전달되지 않도록 방지하는 역할을 한다. 팝오프 밸브가 닫힌 상태에서 환자에게 과도한 압력이 가해지면 호흡 곤란이나 폐 손상을 초래할 수 있다. 공기누출테스트(leak test), 호흡백 짜기 등 특수한 상황을 제외한 모든 상황에서 팝오프 밸브는 반드시 열려 있어야 한다.

04 마취 모니터링 Anesthesia Monitoring

1 마취 모니터링의 중요성 및 개요 Importance and Overview of Anesthesia Monitoring

마취는 환자의 뇌 기능을 억제하는 과정이므로, 심박수, 혈압, 체온 등의 생리적 지표가 급격하게 떨어질 수 있다. 마취 모니터링은 환자의 생명을 보호하고, 마취 중 발생할 수 있는 위험을 최소화하기 위한 필수 절차로서, 마취를 제대로 모니터링하지 않으면 심각한 합병증이 발생할 수 있으며, 최악의 경우 사망에 이를 수 있다. 모니터링을 통해 환자의 상태에 맞춰 마취제 용량을 조절하여 적정한 마취 상태를 유지해야 한다. 마취 모니터링에 따른 주요 대응은 아래와 같다.

① 마취의 기본적인 조절: 마취 중 체온, 심박수, 혈압에 변화가 있으면 기화기를 통해 마취의 심도를 조절하여 환자의 상태를 안정화하는 것이 가능하다. 이를 통해 마취 깊이를 적절히 유지하고, 생리적 지표를 정상 범위 내로 유지할 수 있다.

② 위험 상황 대처: 체온, 심박수, 혈압이 급격히 변하거나 지나치게 낮거나 높은 경우, 즉시 수의사에게 보고하여 즉시 대응하도록 한다. 이는 환자의 생명을 위협할 수 있는 중요한 신호이므로, 신속한 대응이 필요하다.

③ 환자의 갑작스러운 각성 및 움직임: 동물이 갑자기 움직이거나 다리를 휘젓는다면(paddling) 마취가 각성되었거나 통증이 원인일 수 있다. 프로포폴 등의 주사 약물을 투여하여 마취 깊이를 다시 안정화할 필요가 있다.

2 마취의 심도 Depth of Anesthesia

마취의 심도는 마취 중 환자의 상태를 평가하고, 마취의 깊이를 적절하게 조절하는 데 중요한 요소다. 각 단계(stage)를 이해해야 마취의 깊이를 정확히 파악할 수 있으며, 이에 따른 적절한 모니터링이 가능하다.

- Stage 1(유도 직후 환자의 상태): 이 단계는 마취 유도 직후의 상태를 의미하며, 환자는 의식이 있지만 방향 감각과 같은 감각이 상실된다. 반사 기능은 정상적으로 남아있다. 환자는 여전히 외부 자극에 반응할 수 있으나 혼란스러울 수 있다.
- Stage 2(의식 소실): 환자가 의식을 완전히 잃는 단계이다. 이때도 반사들은 남아있으며, 환자는 가끔 발버둥(paddling)을 치거나 하품을 하고, 과격한 행동을 보일 수 있다. 이러한 반응은 수의사와 보조자가 주의 깊게 모니터링해야 한다.
- Stage 3(수술이 가능한 단계): 이 단계는 세 개의 세부 단계(lane)로 나뉜다.
  - Plane 1: 삽관이 가능한 얕은 마취 상태이다. 안구가 복측(아래쪽)으로 이동하며, 환자의 반응이 여전히 일부 남아있다.
  - Plane 2: 수술 중의 자극이 환자의 호흡 및 심박에 영향을 미치기 시작하는 단계로, 이 단계가 대부분의 수술에 적합한 마취 깊이이다.
  - Plane 3: 깊은 마취 상태로, 안구 위치가 중앙으로 돌아오며, 환자의 반응이 현저히 줄어들고 호흡 및 심박수가 감소한다. 이 단계는 지나치게 깊을 수 있어, 주의 깊은 모니터링이 필요하다.
- Stage 4(위험한 단계): 이 단계는 매우 위험한 상태로, 맥박과 호흡이 거의 또는 완전히 소실되는 상태이다. 이 상태에 빠지면 즉시 마취를 중단하고, 산소 공급과 함께 심폐소생술(CPR) 같은 응급 처치가 필요하다. 이 단계를 놓치면 환자가 사망할 수 있다.

3 모니터링 기기를 활용한 마취 모니터링 Anesthesia Monitoring Using Monitoring Equipment

마취 중인 개를 모니터링할 때 중요한 항목은 여러 가지가 있다. 이러한 모니터링은 수술 동안 개의 생체 신호를 추적하여 안전하게 마취를 관리하고, 필요한 경우 즉각적인 조치를 취할 수 있도록 돕는다. 각 항목은 개별적으로 중요할 뿐만 아니라 서로 연관되어 있는 경우도 많기 때문에 여러 항목을 통해 전체적인 환자의 상태를 평가해야 한다. 마취 모니터링은 기기를 활용할 수도 있고, 수동적인 측정도 가능하다. 여기서는 먼저 기기를 활용한 측정에 대해 서술한다. 주요 모니터링 항목은 혈압, 심박 및 ECG(심전도), SpO₂(산소포화도), EtCO₂(호기말이산화탄소분압), 체온 등이 있다. 심박 및 ECG와 혈압은 순환(circulation)과 관계가 있으며, SpO₂는 순환 및 산소공급(oxygenation)과, EtCO₂는 환기(ventilation)와 관계가 있다.

표 4.8 주요 모니터링 항목

모니터링 항목	개요
호흡수 및 호흡양상	캡노그라프(capnograph)를 통해 호흡수 및 호기말 이산화탄소 농도(EtCO₂)를 측정하면서 적절한 산소 공급 및 이산화탄소의 제거 확인이 가능하다.
산소포화도 (SpO₂)	Pulse oximeter로 혈액 내 산소포화도를 비침습적으로 모니터링하여 적절한 산소 공급 여부를 확인한다.
혈압	혈압의 변화는 마취 깊이, 체액 상태 및 심장 기능에 대한 중요한 정보를 제공한다. 침습 혹은 비침습적으로 혈압을 모니터링하여 순환 상태를 체크하고, 마취 깊이에 따른 변화를 평가한다.
심박 및 ECG	ECG를 연결하면 심박수 및 심장의 리듬을 모니터링할 수 있으며 이를 통해 마취 중인 동물의 심장건강을 실시간으로 확인할 수 있다.
체온	저체온은 회복 시간을 지연시키고 합병증을 유발할 수 있으므로, 정기적으로 체온을 측정하여 필요한 경우 보온 조치를 취한다.

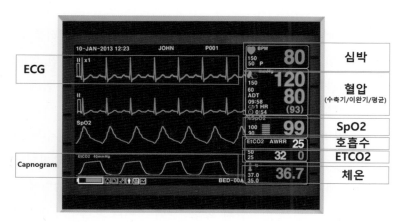

그림 4.9 모니터링 기기의 주요 마취 파라미터(parameter)

출처: www.integrisequipment.com/products/bionet-bm3-multi-parameter-vital-signs-monitor-new (Bionet 제품)

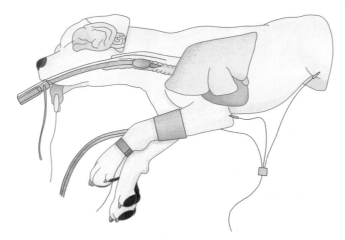

그림 4.10 마취 모니터링을 위한 주요 측정장비 장착

(1) 호흡수 및 호흡양상(Respiratory Rate and Breathing Patterns)

캡노그라프(capnograph)는 마취 중 환자의 호흡 상태를 모니터링하는 장비를 일컫는 말로서, 환자가 마취 상태에서도 정상적으로 호흡하고 있는지를 확인하는 데 사용된다. 캡노그라프(capnograph)를 통해 이루어지는 측정 및 분석과정을 캡노그래피(capnography)라고 하며, 이를 통해 생성된 그래프를 캡노그램(capnogram)이라고 한다. 이 장비를 통해 호흡수와 호기말 이산화탄소 농도($EtCO_2$)를 확인할 수 있으며, 결론적으로 산소 공급이 적절하게 이루어지는지 평가한다. ET 튜브 옆에 캡노그라프 센서를 연결하여 데이터를 측정한다. 캡노그라프에서는 세 가지의 주요 항목을 평가한다. 다음의 항목은 전체적인 호흡의 양상을 나타내며 유기적으로 연관되어 있기 때문에, 독립적으로 평가하기보다는 함께 평가해야 환자의 전반적인 환기상태를 알 수 있다.

- 호흡수: 별다른 질병이 없이 건강한 개와 고양이의 일반적인 호흡수는 15-30회 정도이다. 마취 시에는 호흡이 다소 억제되어 이보다 낮은 수준에서 유지된다. 마취 중 적절한 호흡수에 대해 절대적인 기준을 설정하기는 어렵지만, 10-20회 수준에서 관리되는 것이 이상적이다. 또한 특정시점의 호흡수뿐만 아니라 호흡수가 어떻게 변화하는지 패턴을 관찰하는 것도 중요하다.
  - 호흡수가 높거나 점점 빨라지는 경우: 마취가 얕거나 통증이 있는 상황이기 때문에 진통제를 투여하거나 기화기를 조절하여 마취의 강도를 높이게 된다.
  - 호흡수가 낮거나 점점 느려지는 경우: 마취가 깊은 상태일 수 있으므로 기화기를

조절하여 마취의 강도를 낮춘다.

- 호흡이 없을 경우: $EtCO_2$ 그래프 자체가 올라오지 않고 호흡수도 0으로 표시되는 경우 호흡백을 사용하거나 기계적 환기(mechanical ventilation)를 통해 호흡을 보조해야 한다.

• $EtCO_2$(end-tidal carbon dioxide, 호기말이산화탄소분압): $EtCO_2$는 환자가 내쉬는 공기 중 이산화탄소의 농도를 의미한다. 이 값은 마취 중이나 중환자 상태에서 환자의 호흡 상태를 평가하는 데 중요한 지표로 사용된다. 호흡이 끝날 때 측정되므로, 폐에서 가장 최근에 교환된 가스의 상태를 반영하며, 이를 통해 폐의 환기 효율성을 직접적으로 알 수 있다. 적절한 $EtCO_2$ 레벨은 폐와 혈액 사이의 가스 교환이 잘 이루어지고 있음을 나타낸다. $EtCO_2$를 평가할 때에는 호흡수도 함께 평가하여 전반적인 호흡상태를 확인해야 한다. 보통 과호흡, 대사 감소, 심박출량 감소에서 $EtCO_2$가 감소한다.

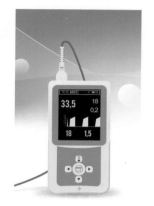

그림 4.11 휴대용 capnograph 기기

- $EtCO_2$의 정상 범위: 35-45mmHg.
- $EtCO_2$가 20mmHg 이하인 경우: 과호흡(Hyperventilation) 상태일 수 있으므로 진통제를 투여하거나 마취 강도를 증가시켜 조절한다.
- $EtCO_2$가 60mmHg 이상인 경우: 저호흡(hypoventilation) 혹은 고탄산혈증(hypercapnia) 상태일 수 있으므로 환기개선이 필요하다. 호흡백을 활용해 환기를 개선하거나 마취 강도를 감소시킨다.

• 정상적인 $EtCO_2$ 파형(waveform): 기본적으로 정상적인 캡노그램 파형은 오른쪽으로 상승하는 사다리꼴 모양을 띤다. 이 형태는 호흡주기 중 이산화탄소 배출이 일관되게 일어나고 있음을 나타낸다. 이 파형은 3단계로 구성되며 3단계의 마지막에 가장 높게 올라오는 수치를 $EtCO_2$로 읽는다.

- Phase 1: 숨을 내쉬기 시작할 때의 초기단계로서, 들숨에서 유래되어 산소가 많고 이산화탄소는 거의 없다.
- Phase 2: 숨을 계속 내쉴 때, CO_2 농도가 급격히 상승하는 구역으로서 해부학적 사각 지역의 공기에서 기능적인 폐포 공간으로의 전환을 나타낸다.
- Phase 3: 이 단계에서는 폐에서 이산화탄소가 지속적으로 배출되며 날숨이 피크에 도달한다. 이 단계에서 측정되는 CO_2 농도를 $EtCO_2$ 농도라고 한다.

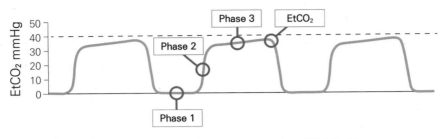

그림 4.12 정상적인 호흡 시의 capnogram 파형과 $EtCO_2$

- 비정상적인 $EtCO_2$ 파형: 파형이 사다리꼴이 아닌 경우, 비정상적인 호흡 패턴을 의미한다. 다만 일단 파형이 있다는 것은 호흡을 하고 있다는 의미이기 때문에 큰 문제가 없으면 간단히 호흡백만 짜주거나 교정과정 없이 관찰만 하는 경우도 많다. 아래는 비정상 파형에 대한 예시이다.

표 4.9 비정상적 파형의 예시

파형그림	설명
	[파형실종] 파형이 사라지는 것으로서, 연결문제 혹은 심정지 등 응급상황
	[저환기(혹은 저호흡, hypoventilation)] $EtCO_2$가 정상보다 증가하고 호흡수는 감소하는 형태로서, 산소 공급이 부족하고 이산화탄소가 체내에 축적되는 상태
	[과환기(혹은 과호흡, hyperventilation)] $EtCO_2$가 정상보다 감소하고 호흡수는 증가하는 형태로서, 체내 이산화탄소가 과도하게 배출되는 상태
	[상어지느러미(shark pin) 패턴] 기도 저항이 증가되는 상태로서 기도 폐쇄, 천식 등의 상황을 의미

- 파형 부재: 파형이 전혀 뜨지 않는 경우, 이는 환자가 호흡을 하고 있지 않음을 의미할 수 있으므로 즉시 조치를 취해야 한다. 다만 연결부의 문제, 삽관의 문제, 측정 장치의 문제일 수도 있기 때문에 이때는 흉강과 복강이 상하로 움직이는지 반드시 육안으로 확인할 필요가 있다.

(2) 호흡 문제 시 대처(Managing Respiratory Issues)

• 수동적 환기: $EtCO_2$가 너무 높거나, 호흡수가 낮은 경우, 혹은 자발호흡이 없는 경우에는 호흡백을 사용하여 강제적으로 공기를 공급한다. 이 과정을 manual ventilation(수동적 환기)이라고 하며 간단하게 bagging이라고 부르기도 한다. 보통 3-4초 간격으로 호흡백을 짜주어 환자에게 적절한 공기를 공급한다.

  - 압력 조절: 호흡백을 짤 때(squeezing) 급격하고 세게 짜면 압력계가 급격히 상승할 수 있다. 이 때문에 마취 중인 환자의 폐에 과도한 압력이 가해질 위험이 있기 때문에 부드럽고 천천히 짜주는 것이 좋다. 절대적인 기준은 없으나 압력계가 20cm H_2O 이상, 또한 급격하게 올라가지 않도록 주의하는 것이 좋다.

  - 팝오프 밸브 조절: 호흡백을 짜줄 때 팝오프 밸브를 약간 닫고 짜야 공기가 너무 빨리 빠져나가지 않는다. 완전히 닫고 짜는 것도 가능하지만, 짠 후에는 반드시 팝오프 밸브를 다시 열어야 한다. 팝오프 밸브는 평소에 반드시 열려 있어야 하는데, 이는 과도한 압력이 환자에게 가해지는 것을 방지하기 위함이다.

그림 4.13 팝오프 밸브 및 압력계

출처: 미국동물병원협회 교육자료
www.aaha.org/resources/2020-aaha-anesthesia-and-monitoring-guidelines-for-dogs-and-cats/phase-2-day-of-anesthesia/step-2-equipment-preparation/

• 기계적 환기: 호흡은 자발호흡이 가장 좋다. 그러나 이것이 잘 조절되지 않을 때는 기계적 환기 장치에 연결하여 인공호흡을 통해 환자의 호흡을 보조한다. 기계환기 시스템은 마취기에 부착되어 있는 경우도 많다. 기계적 환기는 일정한 호흡 패턴과 적절한 호흡량을 유지하기 위해서도 필요할 수 있다.

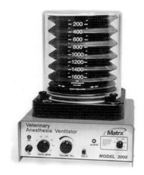

그림 4.14 기계식 환기시스템

출처: www.medicalexpo.com/prod/midmark-animal-health/product-94079-754316.html

(3) 산소포화도(Oxygen Saturation)

우리 몸의 헤모글로빈은 산소를 운반하는 역할을 하는 단백질이다. 산소포화도(SpO_2, saturation of peripheral oxygen)는 혈액 내 헤모글로빈이 얼마나 산소와 결합했는지를 퍼센트(%)로 나타낸다. 예를 들어, SpO_2가 98%라면 혈액 속의 헤모글로빈 중 98%가 산소를 운반하고 있다는 의미이다. 이 측정값은 산소가 폐에서 혈액으로 잘 이동하고 있는지, 즉 관류(perfusion)가 잘 이루어지고 있는지를 평가하는 데

그림 4.15 pulse oximeter와 점막 센서 연결

출처: www.sinokmed.com/blogs/news/
taking-about-veterinary-ecg-leads-blood-
pressures-and-sp02-sensor-placement

중요한 지표로 사용된다. 관류가 잘 이루어지지 않으면 혈액에 산소가 충분히 공급되지 않기 때문에 SpO_2가 낮아진다. 간단히 말해, SpO_2는 산소가 몸 전체에 잘 전달되고 있는지를 보여주는 중요한 지표로, 저산소증이나 순환 문제의 조기 발견에 유용하다.

- 측정 방법: SpO_2는 맥박산소측정기(pulse oximeter)라는 기구를 통해 측정하며 혓바닥, 발, 귀, 잇몸 등의 점막에 노출된 부위에 센서를 부착하여 측정한다. 이 센서는 보통 클립 형태로 되어 있다. pulse oximeter는 SpO_2 외에 심박(heart rate)도 측정이 가능하다. 일반적인 동물병원에서는 체온, 심전도, $EtCO_2$ 등을 모두 측정 가능한 모니터링 장치를 쓰지만, 동물보호소 등 의료시설이 미비한 곳에서 마취를 하는 경우 pulse oximeter를 사용하여 SpO_2와 심박만 모니터링하는 경우도 있다.

- 정상 수치: 건강한 상태에서의 SpO_2는 일반적으로 97% 이상이며, 95~100% 정도를 정상범위로 간주한다. 마취 중이나 특정 의료 상황에서는 최소 95% 이상 유지되어야 한다.

- 낮은 수치 시 대처법: SpO_2 수치가 95% 미만으로 떨어지면 산소 공급이 충분하지 않다는 신호이므로, 산소 유량을 증가시키거나 필요하다면 마취의 강도를 조절해야 한다. 다만 SpO_2는 연결 문제로 적정한 값이 나오지 않는 경우가 많다. 보통 혓바닥 등 점막에 노출된 곳에 연결하다 보면 미끄러지거나 동물의 움직임으로 인해 접지가 잘 되지 않아 수치가 나오지 않는 경우도 많으므로, 점막의 색깔을 육안으로 확인해 본 후 큰 문제가 없으면 혀 등에 거즈를 대서 다시 연결하거나 다른 부위에 연결할 수도 있다.

(4) 혈압(Blood Pressure)

마취 중 혈압을 모니터링하는 것은 동물의 순환 상태를 파악하는 데 매우 중요하다. 저혈압은 조직에 산소 공급이 부족하다는 신호일 수 있으며, 반대로 고혈압은 순환계의 과부하를 의미할 수 있다. 일반적으로 수술은 필연적으로 출혈을 동반하고, 마취 자체가 순환계를 저하시키기 때문에 혈압이 낮아지게 된다. 혈압은 마취 모니터링 수치 중 매우 중요하나, 간단한 수술이거나 병원의 규모가 작으면 측정하지 않는 경우도 많다. 동물병원에서 마취 시 혈압을 측정하는 방법에는 크게 비침습적 방법(NIBP, non-invasive blood pressure)과 침습적 방법(IBP, invasive blood pressure)이 있다.

- 정상혈압: 마취 시 정상 혈압은 문헌에 따라 다소 범위가 다르지만, 수축기 90-140 mmHg, 이완기 50-80mmHg, 평균 동맥압 60-120mmHg 수준이 정상이다.

- 측정법-비침습적 방법(NIBP): NIBP는 환자의 사지에 커프(cuff)를 부착하고, 커프를 부풀려 동맥 혈류를 차단한 후, 혈류가 다시 돌아오는 시점의 압력을 기록함으로써 얻어진다. 두 가지 방법으로 측정할 수 있는데 도플러법(doppler method)과 오실로메트릭 방법(oscillometric method)이다. 도플러 방법은 마취 시 혈압을 실시간으로 모니터링하기에 적합한 방법이 아니기 때문에 일반적으로 마취 모니터링 중에는 오실로메트릭 방법을 사용한다. 오실로메트릭 장치는 자동으로 작동하며, 시간 범위를 설정하여 주기적으로 혈압을 기록하도록 설정할 수 있다. 모니터링 장치의 디스플레이에는 수축기 혈압, 이완기 혈압, 평균 동맥압이 표시된다. 다만 7kg 이하, 과도하게 움직이는 환자, 떨거나 헐떡거리는 환자, 부정맥/고혈압/빈맥이 있는 환자에서는 측정값이 부정확할 수 있다. 정확한 측정을 위해 올바른 크기의 커프 선택이 필수적이며, 일반적인 커프 위치는 흉부 사지의 상완부, 골반 사지의 종아리 상부 또는 꼬리의 기저부이다. 커프의 사이즈를 측정하는 방법 중 하나는 커프의 폭과 앞다리(혹은 꼬리)의 둘레(circumference)를 비교하는 것이다. 고양이의 경우 적합한 커프 사이즈는 커프 폭(width)이 장착하고자 하는 곳의 둘레의 30%, 개의 경우 40% 정도이다.

- 측정법-침습적 방법(IBP): 동맥에 직접 카테터를 장착하는 방법이다. 이 방법은 동맥에서 직접 혈압을 측정하기 때문에 실시간으로 NIBP에 비해 훨씬 정확하고 미묘한 혈압 정보를 얻을 수 있다. 앞다리에 위치한 요골동맥(radial artery)이나 뒷다리의 대퇴동맥(femoral artery), 발등쪽동맥(dorsal pedal artery) 등이 활용된다. 카테터를 통해 동맥 내부의 혈압을 직접 측정할 수 있도록 혈압 모니터에 연결하며, 이때 트랜스듀서(transducer)

를 환자의 심장 높이에 맞추어 정확도를 높인다. 이 방법은 매우 정확한 방법이지만, 감염위험, 혈관손상, 혈전발생의 가능성이 있고 카테터 삽입에 있어 전문적인 기술과 멸균조치가 필요한 단점이 있다.

- 혈압이 높은 경우: 각성이 되거나 통증을 느끼게 되면 모니터링 과정에서 혈압이 상승한다. 혈압이 상승되면 일반적으로 기화기 다이얼을 올려 마취 수준을 높이게 된다. 마취 수준이 적정하더라도 통증이 있어서 혈압이 상승하는 경우가 있다. 이러한 경우에는 눈꺼풀 반사 등을 비롯하여 후술하는 다양한 반사 반응을 통해 마취 수준이 적정한지 확인해야 한다. 즉, 혈압이 상승했는데 각종 반사 반응을 봤을 때 마취 수준이 적정하다면 통증이 원인이기 때문에 기화기를 올리지 말고 진통제를 투여하는 것이 적절한 방법이다.

- 혈압이 낮은 경우: 마취 시 저혈압은 고혈압보다 위험하다. 평균 혈압이 60mmHg 이하 혹은 수축기 혈압이 90mmHg 이하로 떨어질 경우, 관류에 문제가 생길 수 있다. 혈압은 꾸준히 내려가기 때문에 동물보건사는 혈압이 낮아지고 있다면 60mmHg까지 내려가지 않도록 선제적으로 대응하는 것이 좋다. 첫 단계로 기화기를 내려 마취의 강도를 낮출 수 있다. 다만 기화기를 내린 후 실제 마취 수준이 조절되기까지는 다소 시간이 걸리는 것을 감안해야 한다. 두 번째 단계로 수액의 속도를 높여 혈압을 조정할 수 있다. 이는 혈액 용적을 증가시켜 혈관 내 압력을 높이는 방법이다. 일반적으로 마취 및 수술 시에는 일반 수액속도보다 높은 5-10ml/kg/hr 수준으로 수액을 투여하는데, 저혈압이 있을 경우 10-20ml/kg/hr 정도로 높일 수 있다. 다만 과수화가 될 수 있으므로 혈압이 정상적으로 돌아오는 경우 다시 속도를 조절해야 한다. 위의 방법을 10-20분 정도 사용해도 혈압상승이 되지 않으면 심혈관계 약물을 사용할 수 있다. 혈압 외에 심박이나 리듬에 문제가 없으면 에페드린(ephedrine) 등을 사용할 수 있고, 심박수와 리듬이 느린 경우 심박수와 심장 출력을 증가시키기 위해 글라이코피롤레이트(glycopyrrolate)를 정맥 내로 투여할 수 있다. 이러한 부분은 수의사가 결정하여 진행하게 된다.

(5) 심박수 및 ECG 모니터링(Heart Rate and ECG Monitoring)

마취 중 동물의 심박수와 ECG(electrocardiography, 심전도) 모니터링은 수술 중 심혈관계의 건강 상태를 평가하고 유지하는 데 매우 중요하다.

① ECG의 부착

ECG 전극은 심장의 전기적 신호를 포착하여 모니터에 실시간으로 표시한다. ECG 모니터는 심장 박동의 패턴과 간격을 기록하여, 정상 리듬과 비교했을 때 이상 징후를 보여준다. ECG 촉자(lead)는 여러 색깔이 있고 이것을 신체에 연결하는 형태이다. 집게처럼 집는 형태가 있고 패드처럼 붙이는 형태가 있으며, 접지가 잘되지 않을 때에는 알코올이나 젤 등을 발라줄 수 있다. 촉자는 미국형과 유럽형이 있는데 색깔과 연결위치가 다르다.

촉자연결 사진	설명
	미국형: 빨간색, 검은색, 흰색 촉자가 있을 경우 - 흰색 리드 (RA; right arm): 오른쪽 앞다리에 부착 - 검은색 리드 (LA; left arm): 왼쪽 앞다리에 부착 - 빨간색 리드 (LL; left leg): 왼쪽 뒷다리에 부착 → 만약 여기에 초록색 촉자가 같이 있는 경우 - 초록색 리드 (RL: right leg): 오른쪽 뒷다리에 부착 출처: www.vetgirlontherun.com/veterinary-continuing-education-ecg-interpretation-janet-olson-vetgirl-blog/
	유럽형: 빨강, 노랑, 초록, 검은색 촉자가 있을 경우 - 빨간색 리드 (RA; right arm): 오른쪽 앞다리에 부착 - 노란색 리드 (LA; left arm): 왼쪽 앞다리에 부착 - 초록색 리드 (LL; left leg): 왼쪽 뒷다리에 부착 - 검은색 리드 (RL; right leg): 오른쪽 뒷다리에 부착 출처: www.tfa-wissen.de/ekg-und-blutdruck-worauf-muss-die-tfa-achten

② 심박수의 평가

- 정상 심박수: 개는 분당 80-120회, 고양이는 분당 100-180회가 정상이다. 다만 개의 경우 심박수는 일괄적인 기준을 적용하기 어려울 수 있는데 이는 개는 체중별로 편차가 심해서 체중이 적을수록 정상심박수가 상승하기 때문이다. 또한 전마취제로 덱스메데토미딘(dexmedetomidine)과 같이 느린 심박을 유발하는 약물을 사용했다면, 이러한 부분도 감안해야 한다. 느린 심박을 유발하는 약물을 전마취제로 사용했을 때, 혈압이 정상이라면 심박이 느려도 별다른 조치를 하지 않는 경우도 많다.

- 빈맥 및 서맥: 심박수는 분당 심장의 박동 횟수를 나타내며, 심박이 빠른 경우 빈맥(tachycardia), 느린 경우 서맥(bradycardia)이라고 한다. 빈맥은 수술자극이 강하거나 마

취가 너무 얕을 수 있으므로 마취 강도를 높일 수 있다. 서맥은 마취가 너무 깊은 것일 수 있으므로 마취 수준을 낮추는 것이 좋다. 마취강도 조절로 회복이 되지 않을 경우 글라이코피롤레이트와 같이 심박을 올려주는 약물을 사용할 수 있다.

③ ECG의 평가

- ECG의 구성 및 정상 파형: ECG는 심장의 전기적 활동을 나타내는 파형을 기록한다. ECG는 심장의 전기적 활동을 그래프로 나타내어 심장 리듬과 속도를 평가한다. 심박 리듬이 정상적이지 않으면 부정맥(arrhythmia)으로 간주된다. 부정맥은 심장의 전기적 문제, 전해질 불균형, 마취제의 영향 등 다양한 원인에 의해 발생할 수 있다. 정상 ECG는 파형, 간격, 속도가 일정하다. P파, QRS 복합체, T파는 심전도 (ECG)에서 관찰되는 주요 파형이다.

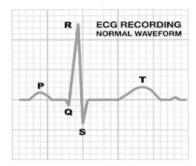

그림 4.16 정상적인 ECG의 파형
출처: www.lakelandah.com/ecg.html

  - P파: 심방의 전기적 흥분(수축)을 나타내며 심방이 수축하면서 심실로 혈액을 보내는 과정을 전기적으로 보여준다. 정상적인 P파는 부드럽고 둥근 상승 곡선을 보여야 하며, 일반적으로 낮고 폭이 좁다.
  - QRS 복합체: 심실의 전기적 흥분(수축)을 나타낸다. 가장 크고 뚜렷한 파형으로, 심장의 주 펌핑 부위인 심실이 수축하는 것을 보여준다. Q는 아래로 향하는 첫 번째 짧은 파동, R은 상승하는 급격한 봉우리, S는 다시 하강하는 파동을 나타낸다. QRS의 지속 시간은 심실의 전기적 활동이 얼마나 빨리 일어나는지를 나타내며, 보통 매우 짧다.
  - T파: 심실의 전기적 회복(이완)을 나타낸다. 심실이 다음 수축을 준비하면서 전기적으로 안정화되는 과정을 반영한다. 일반적으로 부드럽고 대칭적인 형태로, QRS 복합체 뒤에 나타난다.
- 비정상적인 ECG: 심장의 이상은 정상적인 ECG 패턴을 숙지하는 것이 중요하며, 이는 비정상적인 심장 활동을 식별하는 기준이 된다. 파형이 비정상적이거나 속도가 너무 빠르거나 간격이 불규칙하면 즉시 수의사에게 보고해야 한다. 동물보건사가 비정상적인 ECG의 패턴이 각각 어떠한 것인지 알고 있다면 가장 이상적이겠으나, 그것이 어려울 경우에는 정상적인 ECG의 패턴을 완벽하게 숙지하고, 여기서 벗어나는 형태가 나

타날 때 수의사에게 보고하는 것이 좋다. 다만 심장의 이상이 아닌 리드 연결부의 문제로 인해 ECG 파형이 제대로 뜨지 않는 경우도 많기 때문에 이를 체크해봐야 한다. 다만 동성부정맥(sinus arrhythmia)이라고 하여 R파와 R파 사이의 간격이 일정하지 않는 경우가 있는데 이는 숨을 들이쉴 때 자율신경계의 교감신경 활동이 증가하면서 심박수가 빨라지고(R-R 간격이 짧아짐), 숨을 내쉴 때 부교감신경 활동이 증가하면서 심박수가 느려지는(R-R 간격이 길어짐) 현상으로 정상이다. 아래는 기타 주요 이상파형의 예시이다.

표 4.10 ECG 정상 및 이상파형의 예시

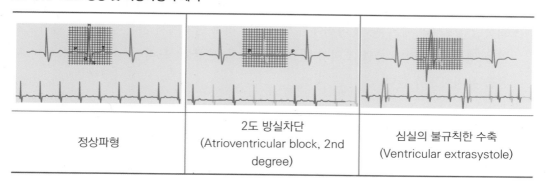

정상파형	2도 방실차단 (Atrioventricular block, 2nd degree)	심실의 불규칙한 수축 (Ventricular extrasystole)

출처: BSAVA Chapter 7. Patient monitoring and monitoring equipment, Yves Moens and Paul Coppens. Chapter 7. Patient monitoring and monitoring equipment, Yves Moens and Paul Coppens

(6) 체온 관리의 중요성과 조치 방법(Importance and Management of Temperature)

마취 중 체온 관리는 매우 중요하다. 저체온증은 마취의 가장 흔한 합병증 중 하나이기 때문에 마취 시 어느 정도의 체온 하락은 어쩔 수 없는 상황이다. 그러나 체온이 지속적으로 하강하게 되면 생명이 위험하기 때문에 이에 대한 지속적인 모니터링과 대처가 필요하다.

개와 고양이의 정상체온은 약간의 차이는 있으나 37.7°C에서 39.2°C 수준으로 사람에 비해 높다.

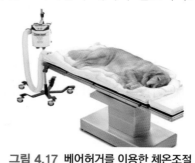

그림 4.17 베어허거를 이용한 체온조절
출처: https://www.amazon.com/3M-55077-Hugger-Blanket-Underbody/dp/B073P7CC6G

- 체온 촉자의 연결: 끝이 둥글고 부드러운 카테터로서 식도로 삽입하면 기계에서 자동적으로 체온을 체크해준다. 기관에는 이미 ET 튜브가 있기 때문에 입에서 그대로 밀어 넣으면 식도로 들어가게 된다.
- 체온 하락 대처법: 다른 파라미터와 다르게 체온은 적극적으로 대처할 수 있는 수단이 많지는 않다.

다양한 방법을 활용하여 체온이 지속적으로 떨어지는 것을 방지해야 하며, 특히 마취 시간이 길어지거나 수술방이 추울 경우 더욱 집중적으로 관리해야 한다.

- 36.5도 미만: 환자를 따뜻하게 하는 적극적인 조치가 필요하다. 이에는 따뜻한 수액, 의료용 온풍기(베어허거, Bair hugger), 전기 담요 등을 사용할 수 있다. 어차피 수술 과정에서 체온이 떨어지기 때문에 베어허거 등의 온풍기는 마취를 시작하는 단계부터 사용하는 것이 좋다.
- 35도 이하: 응급상황으로 간주하고, 더 적극적인 온열 조치를 취해야 한다.
- 33도 이하: 생명이 위험할 수 있으므로, 응급 의료 조치가 필요하다.

• 회복단계에서의 체온 관리: 마취에서 깨어나는 회복 단계에서 체온이 제대로 올라오지 않을 경우, 추가적인 온열 조치가 필요하다. 담요, 온풍기, 드라이기 등을 사용하여 체온을 유지하도록 한다.

4 마취 수동 모니터링 Manual Monitoring of Anesthesia

수동 모니터링이란 기계에 의존하지 않고 간단한 기구나 감각을 통해 환자의 상태를 모니터링하는 것이다. 기계적인 모니터링 장비가 중요한 역할을 하지만, 수동 모니터링은 기계가 감지하지 못하는 세밀한 변화를 포착하고, 기계적 오류나 한계를 보완하는 데 중요한 역할을 한다. 특히 반응이나 반사 등은 기계를 통해 확인할 수 없는 부분이다. 또한 수동 모니터링을 하게 되면 기계만으로 확인이 어려운 건강 상태에 대한 포괄적 평가도 가능하다. 따라서 기계를 통한 모니터링을 기본으로 삼되, 수동 모니터링이 항상 보완적으로 병행되어야 한다. 특히 모니터링 기기 등을 연결하지 않는 간단한 시술이나 주사마취 등에서는 더욱 효과적인 모니터링 수단으로서, 시각/촉각 등의 감각이나 간단한 기구만으로 환자의 상태를 감시할 수 있다.

(1) 다양한 마취 지표의 확인(Monitoring of Various Anesthesia Parameters)

모니터링기에 이상이 없더라도 환자의 움직임 등으로 연결에 문제가 생겨 그래프가 뜨지 않는 경우는 매우 흔하다. 특히 ECG, 혈압, 산소포화도(SpO_2) 측정 시 자주 발생한다. 이렇게 그래프가 뜨지 않는 경우, 수동 모니터링을 이용한 호흡이나 심박 등의 측정방법은 매우 유용하다. 만약 모니터링기에서 $EtCO_2$ 그래프가 사라지게 된다면, 동물보건사는 자발호흡을 하지 않는 것으로 생각하여 당황할 수 있다. 그러나 육안으로 흉강의 움직임을 통해 호흡이 있는 것을 확인하게 된다면, 기계의 문제이거나 연결부의 문제인 것을 알게 된다.

- 호흡: EtCO$_2$처럼 그래프와 수치로 나타나지 않으나, 동물이 호흡하는 빈도와 그 깊이를 관찰하여 호흡 곤란이나 저호흡증을 발견할 수 있다. 간단하게 신체검사시 TPR을 확인하는 방법과 동일하다. 흉강과 복강이 들리고 있는지, 어떠한 깊이로 호흡하고 있는지, 분당 횟수는 어떤한지를 확인할 수 있다. 또한 호흡을 하게 되면 튜브 근처에 김이 살짝 서리게 되는데 이것을 통해서도 간접적으로 호흡 여부 확인이 가능하다.

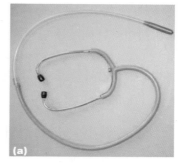

그림 4.18 식도청진기

출처: BSAVA Chapter 7. Patient monitoring and monitoring equipment, Yves Moens and Paul Coppens. Chapter 7. Patient monitoring and monitoring equipment, Yves Moens and Paul Coppens

- 심박: 식도청진기(esophageal stethoscope)를 사용하는 것이 가장 추천된다. 식도청진기는 끝이 둥글고 부드러운 카테터가 청진기에 연결되어 있는데, 이 카테터를 식도로 삽입하여 심박을 들을 수 있으며 호흡음도 청취가 가능하다. 마취가 시작되고 여러 가지 촉자를 삽입할 때 함께 넣게 되는데 기관에는 이미 ET 튜브가 있기 때문에 입에서 그대로 밀어 넣으면 식도로 들어가게 된다. 깊이 조절을 통해 심장부위까지 들어가게 한 후 귀를 대고 들어보면 심박음이 들린다. 만약 식도청진기를 사용할 수 없다면, 일반청진기로 심장에 직접 대고 확인하는 방법도 있다.

- 산소포화도(SpO$_2$): 산소포화도는 점막부위에 연결하는데 혀나 입술 등에 하면 더 정확하지만 미끄러워서 연결이 제대로 안 되는 경우가 많다. 따라서 중간중간 수동적으로 확인할 필요가 있는데 SpO$_2$의 구체적인 수치는 확인이 어렵다. 다만 아래의 방법으로 간접적인 측정이 가능하다.

  - 점막의 색깔(gum color) 관찰: 산소의 공급(oxygenation)과 직접적 관계가 있다. 정상적으로는 연분홍색이다. 너무 창백하거나(출혈, 빈혈), 너무 빨갛거나(고혈압), 파랗거나(청색증, 저산소증, 저혈압), 회색(쇼크, 산소부족)일 경우 비정상이다.

  - CRT(capillary refill time): 동물의 잇몸이나 다른 점막을 가볍게 눌러 점막의 색이 희게 변했다가 원래대로 돌아오는 시간을 측정한다. 정상적인 CRT는 1-2초 이내이다. CRT가 3초 이상 걸리면 혈액 순환이 잘 이루어지지 않고 있음을 의미한다.

  - 호흡 관찰: 위의 방법에 비해서는 직접적인 연관성이 다소 떨어지나 호흡의 깊이와 빈도를 관찰한다. 빠르고 얕은 호흡은 저산소증의 가능성을 나타낼 수 있다.

- 혈압: IBP(invasive blood pressure)와 같은 직접적 침습법에 비해 NIBP(non-invasive blood pressure)는 커프를 연별하는 방식이다 보니 중간중간 연결에 문제가 생기는 경우가 종종 있다. 그러나 수동적 측정 시 혈압은 간접적으로만 측정이 가능하다. 대퇴동맥이나 혀동맥에 손을 대서 박동 여부를 확인하게 되는데, 세기로 판단하기는 어렵고 있는지의 박동 여부의 확인만 가능하다.
- 체온: 직장체온계를 직접 삽입하여 체온을 측정한다. 만약 직장에 접근이 불가능한 상황이라면 피부를 만져 체온을 간접적으로 측정한다.

(2) 마취반사를 통한 마취 깊이 측정(Assessing Anesthesia Depth Using Anesthetic Reflexes)

개가 마취되어 있을 때, 다양한 마취반사(reflexes)를 확인하여 마취의 깊이를 평가할 수 있다. 몸의 반응을 보는 방법이기 때문에 마취의 깊이를 재는 데 있어서는 기계보다 훨씬 직관적이고 정확하다. 눈꺼풀 반사, 턱 강직도, 눈동자의 위치로 판단할 수 있다.

표 4.11 수동 모니터링 시 마취 깊이와 환자의 상태*

지표	마취가 얕을 때	마취가 적정할 때	마취가 깊을 때
눈꺼풀 반사	있다	없다	없다
턱의 강직도	있다	없다	없다
눈의 위치	가운데(central)	아래쪽(rotated)	가운데(central)

*중요: 케타민과 같은 해리성(dissociative) 주사 마취제를 사용한 경우에는 위의 반사가 해당되지 않는다.

- 눈꺼풀 반사(palpebral reflex): 눈의 외곽 부분을 가볍게 터치했을 때 눈꺼풀이 움직이는 것을 확인한다. 이 반사는 일반적으로 마취의 깊이가 적당할 때 유지되며, 마취가 깊어지면 소실된다. 마취의 깊이 확인 시 가장 간편하고 유용한 지표이다. 보통 눈꺼풀 반사가 없으면 마취의 깊이가 적당하다고 볼 수 있다.
- 턱 강직도(jaw tone): 턱의 근육 톤을 평가한다. 턱을 당겼을 때 턱에 강직이 있으면 마취가 얕은 것이며, 강직이 없이 부드럽다면 마취 수준이 적절하다(물론 깊을 수도 있다). 작은 동물에서는 다소 애매한 경우도 있지만 대형견 등에서는 매우 유용하다.
- 눈동자의 위치(eye position): 눈동자가 중앙에 위치하면 마취가 너무 얕거나 깊은 상태일 수 있으며, 눈동자가 다른 아래쪽으로 내려가 있으면(ventrally rotated) 수술에 적합한

수준이다.

- 기타 반사: 각막(corneal reflex) 반사는 촉촉한 면봉 등으로 각막을 가볍게 터치했을 때 안구의 후퇴 반응이다. 이 반응이 없다는 것은 마취가 매우 깊어 생명이 위험한 상황임을 의미하므로, 마취 중에도 유지되어야 한다. 이 외에 귀나 발바닥을 살짝 꼬집어 반응을 볼 수도 있다. 마취가 적정한 경우 당연히 꼬집는 것에 대한 반응이 없다.

05 마취의 기록 Recording of Anesthesia

1 마취 기록의 중요성 Importance of Anesthesia Documentation

실시간으로 환자의 상태를 체크하며 마취를 조절하는 것도 중요하지만, 이 과정을 기록하는 것도 매우 중요하다. 마취 기록은 모든 수술에서 중요하나, 특히 복잡하거나 장시간에 걸친 수술에서는 필수적이다. 마취의 기록이 중요한 이유는 아래와 같다.

- 안전한 마취 계획 수립: 마취 기록을 통해 동물의 기본 건강 상태, 알레르기, 이전 마취 경험, 반응 등을 상세히 문서화하여, 의료진이 마취 계획을 안전하게 세우고 실행할 수 있다. 또한, 마취 중 발생할 수 있는 긴급 상황에 빠르고 효과적으로 대응할 수 있다.

- 지속적인 모니터링: 마취 중 심장 박동수, 호흡 빈도, 혈압, 체온 등 다양한 생리적 파라미터를 지속적으로 모니터링하고 기록한다. 이 데이터를 통해 동물의 현재 상태를 정확하게 파악하고, 필요한 조치를 취할 수 있다.

- 후속 치료와 평가: 마취 기록은 수술 후 회복 과정에서 발생할 수 있는 문제를 예측하고, 적절한 후속 조치를 계획하는 데 중요한 정보를 제공한다. 또한, 동물의 회복 과정을 면밀히 추적하여, 장기적인 건강 관리 계획에 반영할 수 있다.

- 법적 및 윤리적 책임: 마취 기록은 법적 문서로서의 역할도 한다. 만약 수술이나 치료 과정에서 문제가 발생했을 때, 마취 기록은 수행된 절차와 취해진 조치들을 정당화하는 데 중요한 법적 근거 자료가 된다.

- 교육 및 연구 도구: 마취 기록은 교육 자료로 활용될 수 있다. 특히 마취의 실제 사례를 통해 학습할 때, 실제 마취 기록을 검토하며 다양한 상황에 대한 이해를 높일 수 있다. 또한 연구 목적으로도 사용될 수 있어, 마취 프로토콜의 효과성을 평가하고 개선할 수

있는 기초 자료로 활용 가능하다.

2 마취 모니터링 수행과 마취의 기록 Conducting Anesthesia Monitoring and Recording Anesthesia Data

- 마취 모니터링 수행 구역: 마취 모니터링은 비멸균지역에서 수행된다. 마취를 담당하는 인원은 멸균지역의 수술인원처럼 멸균 장갑과 가운을 착용할 필요는 없으나 스크럽(내피), 마스크, 헤어 캡, 수술실용 신발 등은 착용하는 것이 좋다. 수술부분과 칸막

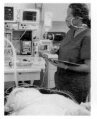

그림 4.19 마취의 기록

출처: www.cave-vet-specialists.co.uk/services/anaesthesia
출처: www.dispomed.com/veterinary-anesthesia-monitoring/

이를 세워서 수술구역과 마취구역을 구분하기도 한다. 마취 담당인원은 모니터링을 위해 항시 환자는 접촉하지만, 멸균된 수술자와 수술 중인 신체부위는 절대 접촉해서는 안 된다.
- 마취기록의 방법: 마취를 진행할 때 두 명이 참여한다면, 한 사람은 모니터링과 깊이 조절을 담당하고 다른 한 사람은 온전히 기록을 맡는다. 한 명만 마취를 담당한다면 모니터링, 대처, 기록을 한 사람이 모두 담당해야 한다. 기록자의 가장 주요 임무는 마취 과정을 문서화하는 것이다. 기록 담당자는 혈압, 체온, $EtCO_2$, 호흡수, 심박수 등의 생체신호를 5분 간격으로 기계에서 체크하고, 이 데이터를 마취 기록지에 정리한다. 물론 모니터에 나타나는 수치뿐 아니라 마취반사와 같은 수동 모니터링 결과도 기록한다. 기록해야 할 사항에는 vital 수치뿐만 아니라, 현재 마취의 깊이, 사용 중인 약물, 수술 진행 상황 등 마취와 관련된 모든 중요 정보가 포함된다. 예를 들어 기화기 다이얼을 바꾼다면 수치의 변경을 기록해야 하고, 혹시라도 환자가 급격히 움직여 프로포폴 등의 약물을 투여하게 되면 프로포폴의 용량, 투여시간, 투여방법을 기록해야 한다.

3 마취기록지 Anesthesia Record Sheet

마취기록지는 수술 중 환자 관리의 질을 보장하고, 의료팀이 필요한 정보를 빠르게 접근할 수 있도록 도와주는 중요한 문서다. 기록지에는 앞에서 체크한 모든 내용이 포함된다. 아래의 내용을 포함하여 병원에서 자체적으로 기록지를 만들 수 있다. 마취 기록지는 반드시 한 장으로 구성될 필요는 없다. 전마취부터 회복까지 사용되는 약물에 관한 기록지와 실시간 모니터링 기록지를 따로 만들 수도 있다. 보통 딱딱한 패드 종이를 두고 기록하기 때문에 장수가 많아도 큰 문제는 없다.

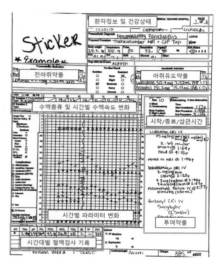

- 기본 정보: 동물의 건강 상태, 기저질환, 체중, 호흡수, 심박수, 체온, 수술 종류 등 기본적인 환자 정보
- 타임라인(Timeline): 마취시작(기화기 on)과 종료 시간(기화기 off), 수술시작 시간, 약물 투여 시간 등 주요 사건의 시간
- 사용 약물: 사용된 약물의 종류, 용량, 투여 경로, 투여 시간 등
- 모니터링 수치: 5분마다(10-15분으로 조절도 가능하다) 혈압, 체온, 심박, 호흡, EtCO$_2$ 등의 생리적 파라미터 및 수동으로 관찰된 모니터링 결과(눈꺼풀 반사 등)

그림 4.20 오클라호마 주립대학 부속동물병원의 마취기록지 예시

- 마취 강도: 기화기의 설정 수치(0-5) 및 실시간으로 바뀌는 수치
- 산소 유량: 산소 유량계의 수치 및 실시간으로 바뀌는 수치
- 수액속도: 수액의 속도와 종류

4 마취기록지 미사용 시 Absence of an Anesthesia Record Sheet

마취 기록은 매우 중요하지만 주사마취 및 간단한 수술의 경우 기록지를 작성하지 않는 경우도 있다. 또한 다만 중소형 병원에서는 인원 및 관리의 문제로 마취 기록을 생략하는 경우도 있다. 마취기록지를 사용하지 않을 경우, 모니터링 담당자는 환자의 상태를 지속적으로 관찰하고, 중요한 변화를 구두로 알려주는 것이 좋다. 구두로 알려주는 것은 기록지

여부와 관계없이 수술자에게 중요한 피드백을 주는 부분이기 때문에 중간중간 필요하다. 예를 들어, "기화기를 3에서 2.5로 조절할게요", "혈압이 60으로 낮아지고 있어서 마취와 수액을 조절할게요", "호흡 가빠집니다", "심박 87, 호흡 20회. 다른 것 이상 없습니다." 등 주요 관찰 결과를 수의사에게 전달한다. 이러한 수동 모니터링 방식은 기록지를 사용하지 않을 때에도 환자의 안전을 확보하고, 수술 중 긴급 상황에 신속히 대응할 수 있도록 돕는다. 그러나 가능한 한 마취기록지를 사용하여 모든 중요 정보를 문서화하는 것이 권장된다.

chapter

05

수술 절차

Surgical Procedures

수술 절차
Surgical Procedures

📖 **학습목표**

▸ 피부봉합 및 각 수술법의 표준술기를 이해하고, 지시사항을 이해한다.

▸ 각 수술법에 적합한 일반 수술기구 및 특수 수술기구를 숙지하고 준비할 수 있다.

▸ 수술 시 발생할 수 있는 마취 위험성에 대해서 이해하고 이를 예방한다.

01 일반외과 수술 General Surgery

1 피부봉합술 Skin Suture

개에서 피부봉합은 수술이나 상처 후에 피부를 복구하기 위해 사용되는 중요한 술기이다. 피부봉합은 상처가 적절히 치유되고 감염을 예방하며, 출혈을 억제하기 위한 필수적인 과정이다. 봉합 방법은 상처의 위치, 크기, 깊이, 환자의 건강 상태에 따라 다를 수 있으며, 흡수성 봉합사 또는 비흡수성 봉합사를 사용할 수 있다. 여기서는 대표적인 피부봉합 방법을 설명한다.

피부봉합을 하기 전에 동물보건사는 상처 부위를 깨끗하게 소독하고 지혈을 실시한 후, 봉합할 부위를 노출시킨다. 필요한 봉합 재료와 기구를 준비한다.

사용 기구: 니들 홀더(needle holder), 조직 포셉(tissue forceps), 외과 가위(surgical scissors)

(1) 단순 결절 봉합(Simple Interrupted Sutures)

단순 봉합은 가장 기본적이고 흔히 사용되는 방법이다. 상처를 봉합할 때 하나씩 개별적으로 매듭을 지어 봉합하는 방법으로, 상처가 작고 일직선일 때 효과적이다. 이 방법은 감염 시 봉합의 일부만 제거할 수 있어 관리가 용이하다는 장점이 있다.

그림 5.1 단순 결절 봉합

니들 홀더를 사용해 봉합사의 바늘을 피부의 가장자리에 삽입한 후, 상처의 반대편으로 통과시킨다. 각 바늘은 적절한 간격을 유지하며 통과되어야 하며, 한 번 통과할 때마다 매듭을 묶는다. 이 과정은 상처의 길이에 따라 여러 번 반복된다. 단순 봉합은 상처의 긴장을 줄이고, 매듭을 하나씩 따로 제거할 수 있다는 장점이 있다.

(2) 단순 연속 봉합(Simple Continuous Sutures)

연속 봉합은 한 번의 실로 상처 전체를 이어서 봉합하는 방법이다. 단순 봉합에 비해 시간이 덜 소요되며, 긴 상처에 효과적이다. 그러나 연속적인 매듭이기 때문에 매듭의 한 부분이 풀리면 전체 봉합이 풀릴 위험이 있다.

그림 5.2 단순 연속 봉합

바늘을 상처의 한쪽 끝에 삽입하고 매듭을 짓는다. 이후 하나의 실로 상처 전체를 따라 연속적으로 바늘을 통과시킨다. 마지막 부분에서 다시 매듭을 짓고 고정한다. 연속 봉합은 상처를 빠르게 봉합할 수 있는 장점이 있지만, 상처의 긴장도를 조절하기가 어려울 수 있다.

(3) 와욕 봉합(Mattress Sutures)

와욕 봉합은 상처의 가장자리를 잘 맞추고, 상처의 긴장을 줄이기 위해 사용된다. 상처의 깊이와 넓이를 고려해 피부의 여러 층을 봉합할 수 있으며, 수직 와욕 봉합과 수평 와욕 봉합으로 나눌 수 있다.

① 수직 와욕 봉합(Vertical Mattress Sutures)

수직 와욕 봉합은 수평 와욕 봉합보다 강한 장력이 요구되는 경우 사용되는 봉합 방법으로 상처의 깊은 부분부터 표면까지 함께 봉합하는 봉합법이다. 피부의 깊은 층과 표피를 동시에 봉합하여, 상처의 긴장을 줄이고 상처가 벌어지는 것을 방지한다.

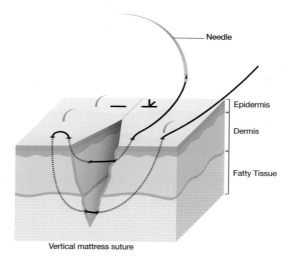

그림 5.3 수직 와욕 봉합. 봉합부에서 먼 쪽에서 바늘이 들어와 반대편 먼 쪽으로 나온 후 다시 같은 쪽 가까운 쪽으로 바늘을 자입하여 반대편 가까운 쪽으로 바늘이 나오도록 한다.

바늘을 상처의 한쪽 깊은 층에 삽입한 후 반대편 깊은 층으로 통과시킨다. 그런 다음 다시 동일한 봉합선상으로 되돌아오면서 절단면에 가까운 쪽에서 바늘이 들어가서 다시 최초 봉합이 시작된 피부 쪽으로 나와 매듭을 진다. 이 방법은 상처의 가장자리에 외번이 덜 생긴다는 장점이 있다.

② 수평 와욕 봉합(Horizontal Mattress Sutures)

수평 와욕 봉합은 피부의 넓은 표면을 봉합할 때 효과적이다. 피부의 두껍고 얇은 층을 동시에 봉합하여 상처 가장자리의 긴장을 줄여준다.

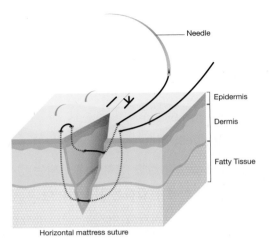

Needle

Epidermis

Dermis

Fatty Tissue

Horizontal mattress suture

그림 5.4 **수평 와욕 봉합. 봉합부에서 가까운 쪽에서 바늘이 들어와 반대편 가까운 쪽으로 나온 후 다시 같은 편 먼 쪽으로 바늘을 자입하여 반대편 먼 쪽으로 바늘이 나오도록 한다.**

바늘을 상처의 한쪽 표면에 삽입하고 반대편으로 통과시킨 후, 다시 역으로 재봉합을 실시하여 처음 봉합침이 유입된 단면으로 나와 서로 매듭을 지어 사각형 모양의 봉합 형태를 만든다. 이 과정이 반복되면서 상처의 가장자리가 외번되는 경향이 생긴다.

(4) 피하 봉합(Subcutaneous Sutures)

피하 봉합은 피부 표면이 아닌 피부 아래의 피하조직을 봉합하는 방법이다. 주로 상처가 깊거나 피부 표면을 깔끔하게 유지해야 하는 경우에 사용되며, 상처의 깊이를 안정적으로 유지할 수 있다.

피부 아래의 피하조직에 바늘을 삽입하고, 반대편 피하조직으로 바늘을 통과시킨다. 매듭은 피부 아래에 묶어, 표면에서 보이지 않게 한다. 피하 봉합은 피부 표면을 최소한으로 손상시키며, 상처가 매끄럽게 치유되도록 돕는다.

동물보건사 팁

피하 봉합은 수술 후에 봉합사를 제거할 수 없기 때문에 흡수성 봉합사를 선택하여 봉합을 실시한다.

2 피부종괴제거술 Removal of Skin Tumors

피부종괴를 제거하기 전에 피부의 장력과 탄력성을 고려하여 과도한 절제를 예방해야 한다. 종괴의 절제는 충분한 정상조직을 포함하는 것을 원칙으로 한다. 완전한 절제를 위해서

양성 종양은 종양으로부터 1cm, 악성 종양은 종양의 경계에서 2~3cm 떨어진 정상조직을 함께 절제한다. 또한 종양을 제거하고 발생가능한 견이형성(dog ear)을 줄이기 위해 원형보다는 타원형 절개를 통해서 절제하는 것이 추천된다. 만일 피부 장력에 의해서 창상부위를 완전히 덮지 못하는 경우에는 창상부를 덮기 위한 전진피부판(advancement flaps)을 만들 수 있다. 대표적인 방법은 V-Y성형법으로 창상 아래쪽에 3cm 지점에 V모양으로 절개를 실시한다. 이후 원래 창상부를 일반적인 방식으로 봉합한 후에 V자 모양의 절개부를 Y형태로 봉합한다. 이 밖에도 Z성형법 또는 다공성이완절개를 통해서 피부의 장력을 줄여줄 수 있다.

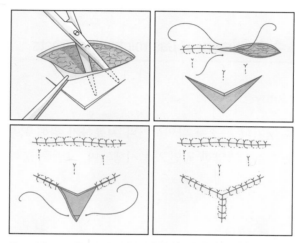

그림 5.5 V-Y성형법. 창상부 아래쪽에 V형태의 절개창을 만든 후 기존 창상부를 먼저 봉합 후 V자형 절개부를 Y모양으로 봉합한다.

동물보건사 팁

피부 장력이란?

피부 장력이란 피부의 섬유조직이 잡아당기는 힘이다. 장력선과 평행한 절개나 상처는 빠르고 깨끗하게 치유되지만 장력선에 수직이 경우에는 상처가 크게 벌어지게 된다.

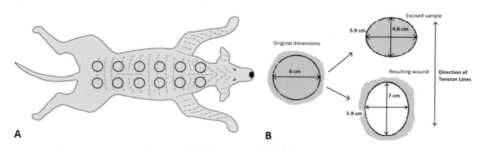

그림 5.6 개의 위치에 따른 피부장력선 모식도

출처: http://dx.doi.org/10.1007/978-3-030-13279-8_9

02 소화기계 수술 Surgery of Gastrointestinal Tracts

1 개복술 Laparotomy

개복술은 복강 내부 장기나 구조를 확인하거나 치료하기 위해 복부를 절개하는 수술이다. 하는 수술이다. 이 수술은 다양한 원인으로 시행되며, 그만큼 정확한 단계와 기구 사용이 중요하다.

• 수술 전 준비

수술 전에는 검상돌기에서 치골까지 복부의 털을 제거하고 수술 부위를 소독한다. 이를 위해 클리퍼와 소독 용액이 사용된다. 이 단계에서 털을 깔끔하게 제거한 후, 이소프로필 알코올 또는 포비돈 요오드를 사용하여 수술 부위를 철저히 소독한다. 이 과정에서 동물의 체위는 복부가 충분히 노출되도록 등쪽으로 눕힌 앙와위 상태로 고정한다.

• 마취 및 기도 삽관

전신마취를 유도한 후, 기도 삽관을 통해 마취 가스를 공급하여 마취 상태를 유지한다. 이 과정에서 마취기, 기도 삽관 튜브, 그리고 마취 가스가 사용된다. 마취제를 투여하여 동물을 마취시키고, 기도 삽관을 통해 필요한 산소와 마취 가스를 공급한다.

• 복부 절개

배꼽에서 시작하여 골반 근처까지 복부 중앙 부위로 피부를 절개한다. 메첸바움 가위(metzenbaum scissors)를 이용하여 피하조직을 둔성분리한다. 이때 발생하는 출혈은 할스테드 모스키토 포셉과 같은 지혈겸자 또는 전기소작기(electrocautery)를 이용해서 지혈한다. 백선을 노출시키고 복벽을 양쪽에서 잡아당긴 후 메스날을 이용해 백선 내로 예리하게 절개한다. 백선 안쪽에 유착이 있는지 면밀히 촉진한다. 메이요 가위를 이용해서 절개부를 전방 또는 후방으로 연장한다. 안쪽 복벽에서 낫인대(falciform ligaments)를 둔성분리하거나 절제한다.

사용 기구: 스칼펠(scalpel), 메이요 가위(Mayo scissors), 애드슨 썸 포셉(Adson thumb forceps)

• 복강 내 탐색

복강이 열리면 수술의 목적에 따라 장기들을 탐색한다. 예를 들어, 장의 이물을 확인하거나 종양의 위치를 확인할 수 있다. 복부 내 출혈이 발생하는 경우 전기소작기를 사용하여 출혈을 통제한다. 또한 이 단계에서 흡인기(suction)를 통해서 과도한 체액을 제거할 수 있다.

• 복강 봉합

복강 내 장기를 환납한 후 폐복(closure)을 실시한다. 근육층과 피하조직, 그리고 피부를 각각 봉합한다. 일반적으로 복벽을 봉합 시에는 2-0 또는 3-0 흡수성 봉합사를 이용하여 단단결절봉합 또는 단단연속봉합을 실시한다.

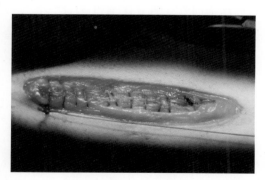

그림 5.7 흡수성 봉합사를 이용하여 복벽에 단순 연속 봉합을 실시한 모습

사용 기구: 흡수성 봉합사, 니들 홀더, 외과 가위

개복술은 계획된 단계를 따라 진행되며, 단계마다 적절한 기구의 사용이 필수적이다. 수술 준비 단계에서부터 수술 후 관리까지 철저한 절차를 따라야만 동물이 안전하게 회복할 수 있다.

위절개술 Gastrotomy

위절개술은 위를 직접 절개하여 내부에 있는 이물질을 제거하거나, 위 내 병변의 치료, 위확장-염전(GDV)을 교정하기 위하여 실시된다.

• 수술 전 준비

수술 전 환자의 상태를 철저히 평가해야 한다. 가능하면 위가 비어 있도록 술전 8~12시간 금식을 실시한다. 어린 개에서는 저혈당증을 예방하기 위해 4~6시간의 금식이 지시된다. 그러나 위폐색, 위확장, 위천공 등의 수술은 금식상태와 상관없이 동물의 상태가 안정되면 즉시 실시한다.

• 마취 및 자세 조정

동물에게 전신마취를 시행한 후, 수술 테이블에 앙와위 자세(등을 지면에 대고 누운 자세)로 고정한다.

• 개복

복부 절개는 보통 검상돌기에서 치골까지 복부 정중선을 따라 이루어진다. 피부와 피하조직을 절개한 뒤 복부 근육을 절개하여 복강을 열어 위를 노출시킨다. 필요시 발포 리트렉터(Balfour retractor)와 같은 개창기를 이용해 복벽을 벌려 술야를 노출시킨다.

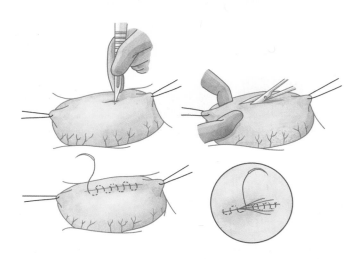

그림 5.8 위절개술의 순서. 블레이드를 이용하여 위벽에 자입절개를 실시한 후 메첸바움 가위를 이용하여 절개부를 확장한다. 봉합 시에는 위 내용물이 새어 나오는 것을 방지하기 위해서 먼저 단순 연속 봉합을 실시한 후 이차적으로 쿠싱봉합과 같은 내번봉합을 실시한다.

사용 기구: 메스(스칼펠), 전기소작기, 와이라이너 리트렉터(Weitlaner retractor) 또는 발포 리트렉터

• 위 노출 및 고정

복강이 열리면 위를 견인하여 고정시킨다. 위가 육안으로 확인되지 않으면 대망을 잡고 견인하면 위가 같이 견인된다. 이때 위를 조심스럽게 다뤄야 하며, 다른 장기나 구조물에 손상을 주지 않도록 주의해야 한다. 수술 부위의 오염을 방지하기 위해 습윤한 개복용 패드로 덮어 주변 장기들을 보호한다. 위를 조작하기 쉽게 하고, 절개 시 위 내용물이 복강 내로 흘러 들어가는 것을 방지하기 위해 지지봉합(stay suture)을 실시한다.

사용 기구: 개복용 패드(laparatomy pads), 흡수성 봉합사

• 위 절개

위 절개는 매우 신중하게 이루어져야 하며, 적절한 부위를 선택해 절개해야 한다. 보통 대만곡부와 소만곡부 사이 배쪽면의 혈관이 적은 부위를 절개한다. 자입절개를 실시하고 이후 메첸바움 가위를 이용하여 절개창을 확장한다. 절개 시 위 내용물이 복강 내로 유출되지 않도록 보조자는 흡인기와 거즈를 사용하여 복강을 보호한다.

사용 기구: 메스(스칼펠), 메첸바움 가위, 흡인기, 풀 석션팁(Poole suction tips)

• 이물질 제거 및 병변 처리

위 내에 있는 이물질을 제거하거나, 병변(종양, 궤양 등)을 치료한다. 이물질이 큰 경우 포셉을 이용해 제거하며, 필요시 흡인기로 내용물을 제거해 시야를 확보한다. 병변이 있을 경우 종양을 절제하거나 궤양을 제거한 후 해당 부위를 수술적으로 복구한다.

• 위 봉합

이물질을 제거하거나 병변 처리가 완료된 후, 위를 봉합한다. 위 봉합은 두 단계로 이루어진다. 첫 번째는 장막과 근육층과 점막하직을 흡수성 봉합사로 단순 연속 봉합 또는 쿠싱봉합(Cushing's sutures)을 실시하고, 두 번째는 장막과 근육층을 흡수성 봉합사로 램버트 (Lambert) 또는 쿠싱봉합을 실시한다. 이는 위 내용물이 복강 내로 새는 것을 방지하는 중요한 과정이다.

• 복강 봉합

복부 절개창을 닫기 전에 위 내용물에 의해 오염된 기구와 장갑을 모두 교체한다. 복강

내 출혈 여부를 확인하고, 봉합 전에 복강 내 오염이 없는지 재차 점검한 후에 개복술에서 서술한 바와 같이 복부 근육층, 피하조직, 그리고 피부층을 차례대로 봉합하여 수술 부위를 닫는다.

• 수술 후 관리

수술 후 전해질, 특히 칼륨의 모니터링이 필요하다. 적당량의 물을 먹을 수 있을 때까지 정맥 내 수액요법을 통해서 수화를 지속해야 한다. 수술 후에 구토가 없다면 12시간 후에 연동식부터 음식물을 제공할 수 있다.

• 회복 및 모니터링

수술 후 동물이 마취에서 깨어나면 회복실에서 상태를 모니터링한다. 혈압, 호흡, 체온 등을 체크하고, 통증을 조절하며 감염 여부를 확인한다. 항생제와 진통제를 적절히 투여하고, 식이 관리를 포함한 사후 관리도 철저히 시행해야 한다.

> **동물보건사 팁**
>
> 위절개술은 오염 수술에 속한다. 오염된 물질(예: 위액, 음식물, 이물 등)에 접촉한 기구를 폐복 시에 사용해서는 안 된다. 동물보건사는 오염된 수술기를 따로 분리하여 멸균 수술기구와 섞이지 않도록 주의해야 한다.
> 풀 석션팁은 겉면과 안쪽 기둥 부분이 분리되기 때문에 겉면을 분리하여 세척한다.
> 석션기는 락스 희석액이나 과산화수소수를 이용하여 세척하면 좋다.
> 수술용 장갑을 착용한 상태에서 위를 잡으면 미끄러워서 놓치기 쉽다. 이때 위에 지지봉합을 실시해서 봉합사를 기구로 잡고 있으면 안정적으로 위를 고정시킬 수 있다.
> 복강 내 장기의 봉합 시에 기구 조작으로 인한 조직 손상을 최소화하기 위해 디바키 포셉(Debakey forceps)과 같은 비창상성 기구를 사용한다.

③ 장절개술 Enterotomy

장절개술은 소장이나 대장을 절개하여 내부에 있는 이물질을 제거하거나, 병변을 진단 및 치료하기 위해 실시하는 수술이다. 소장은 예민한 장기기에 때문에 신중하고 섬세한 절차를 걸쳐서 수술을 실시한다.

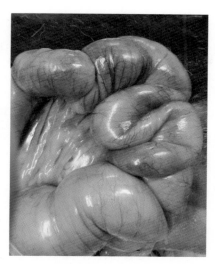

**그림 5.9 장내 선형이물로 인해서 장의 색깔이 변한 모습.
선형이물로 인해서 장이 서로 주름 잡힌 형태로 포개져 있는 것이 확인된다.**

• 수술 전 준비

장절개술을 시행하기 전, 환자의 상태를 철저히 평가해야 한다. 소장 내 이물이나 종양 등의 질환에서 장시간 음식을 먹지 못하거나 심한 수분 및 전해질 불균형이 동반될 수 있기 때문에, 전신마취를 실시하기 전에 마취에 안전성을 평가하고, 수술 전 환자의 전반적인 건강 상태를 확인한다. 수술 전 진단을 위해 혈액 검사와 영상 검사(방사선, 초음파 등)를 통해 장폐색 여부 및 이물질의 위치를 파악한다.

응급상황이 아니라면 성숙한 동물은 수술 전 12~18시간 동안 금식을 실시하고 어린 동물의 경우에는 4~8시간 동안만 절식시킨다. 또한 수술 중 내장을 촉진하는 것은 마취 중 서맥을 유발하는 원인이 된다. 이에 대비하여 아트로핀(atropine)이나 글라이코피롤레이트(glycopyrrolate)를 사용하면 서맥을 치료할 수 있다. 수술 중 복강장기가 노출되면 수분 증발이 가속화되기 때문에 이러한 손실에 대처하기 위해서 수액의 양을 증가시켜야 한다. 이뿐만 아니라 노출된 장기를 통해서 체온이 빠르게 손실되기 때문에 동물보건사는 환자의 저체온증을 예방할 수 있도록 노력해야 한다.

• 마취 및 기도 삽관

전신마취를 유도한 후, 기도 삽관을 통해 마취 가스를 공급하여 마취 상태를 유지한다. 이 과정에서 마취기, 기도 삽관 튜브, 그리고 마취 가스가 사용된다. 마취제를 투여하여 동물을 마취시키고, 기도 삽관을 통해 필요한 산소와 마취 가스를 공급한다.

• 복부 절개

앞서 기술은 개복술 방법을 사용하여 복부를 절개하여 복강 내로 진입한다.

• 장 노출 및 고정

복강이 열리면 손상되거나 문제가 있는 장부위를 신속하게 확인한다. 수술을 실시할 장을 멸균생리수로 적신 습윤한 타월이나 개복용 패드로 감싸서 복강 밖으로 들어내어 분리한다. 장을 다룰 때에는 매우 신중해야 하며, 장 내용물이 복강 내로 유출되지 않도록 조심스럽게 다뤄야 한다.

• 장 절개

절개할 위치를 정했으면 보조자는 장절개술 부위 양쪽 끝 4~6cm를 검지와 중지를 이용하여 가위처럼 잡는다. 만일 보조자가 없다면 비창상성 겸자나 펜로우즈 드레인 튜브(Penrose drain tubes)를 사용하여 장의 관강을 폐쇄한다. 11호 블레이드를 이용하여 장간막의 반대측에서 자입절개를 실시한다. 이후 절개선을 메첸바움 가위를 이용해서 확장할 수 있다.

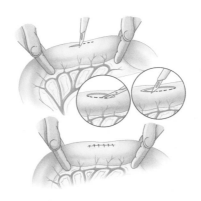

그림 5.10 손가락을 이용하여 장의 관광을 폐쇄하는 모습

사용 기구: 도이엔 장 포셉(Doyen intestinal forceps), 펜로우즈 드레인 튜브

• 장 봉합

장내 이물을 제거하거나 생검이 끝난 후 봉합을 실시한다. 절개면에서 부풀어 올라온 점막을 장막과 평행하도록 다듬어 준다. 석션기를 이용해서 장 관강을 흡인한다. 흡수성 봉합사를 사용한 단순 결절 봉합을 이용하여 절개선을 가로 또는 세로 방향으로 봉합한다. 이때

장 내용물의 유출을 막고 장점막의 외번을 방지하기 위해서 점막보다 장막을 더 많이 포함하도록 하여 봉합을 실시한다. 매듭 시에 봉합사를 너무 과도하게 당기면 봉합사가 점막하직을 제외한 다른 층을 파고들어 손상을 일으킬 수 있으니 주의한다.

사용 기구: 흡수성 봉합사, 니들 홀더, 디바키 포셉(Debakey forceps)

장을 봉합할 때 술자는 장에 상처를 덜 주는 비창상성 포셉을 사용하게 된다. 수술 전에 미리 디바키 포셉을 찾아 준비하자.

추천 봉합사로는 PDS II 4-0~5-0, Maxon 4-0~5-0가 있다.

• 누출 확인

장 봉합이 완료되면 연결부위를 관찰하고 누출 여부를 확인한다. 보조자가 장 관강을 아직 폐색시킨 상태에서 봉합부에서 조금 떨어진 곳에서 주사기를 이용하여 장 관강 내로 멸균 생리식염수를 주입하여 장내강을 중등도로 확장시키면서 봉합부 또는 바늘이 관통한 부위를 통한 누출이 존재하는지 확인한다.

사용 기구: 1cc 멸균 주사기, 생리식염수

• 복강 봉합

복부 절개창을 닫기 전에 장 내용물에 의해 오염된 기구와 장갑을 모두 교체한다. 복강 내 출혈 여부를 확인하고, 봉합 전에 복강 내 오염이 없는지 재차 점검한 후에 필요한 경우 미지근한 생리식염수를 이용하여 복강 세척을 실시한다. 개복술에서 서술한 바와 같이 복부 근육층, 피하조직, 그리고 피부층을 차례대로 봉합하여 수술 부위를 닫는다.

• 수술 후 관리

수술 후에는 마취에서 깨어날 때까지 체온을 유지하고 호흡을 모니터링한다. 통증 관리를 위해 진통제를 투여하며, 감염 예방을 위해 항생제를 사용할 수 있다. 수술 후 8~12시간 후에 소량의 물을 공급한다. 구토가 없다면 수술 후 12~24시간 이후 소량의 연동식을 공급한다. 이후 부드럽고 저지방 음식을 하루에 3~4회 나눠서 공급할 수 있다. 정상식이는 수술 후 48~72시간부터 상태에 맞게 단계적으로 급여한다. 상처가 잘 아물었는지 확인하고, 비흡수성 봉합사는 일반적으로 수술 후 10~14일이 지나면 제거한다.

• 마취 및 수술 중 주의사항

마취 중에는 심전도 모니터, 맥박산소측정기, 혈압 측정기를 사용하여 환자의 상태를 모니터링한다. 전신마취 중 체온이 급격히 떨어질 수 있으므로 체온 유지 장비를 사용하여 체온을 안정적으로 유지한다.

소장의 치유는 영양상태, 적당한 혈액공급, 정확한 점막의 접합과 최소한의 외과적 창상에 의해 결정된다. 수술 후 3~5일 사이에 봉합부 열개가 가장 많이 발생하기 때문에 동물보건사는 이 시기의 환자를 잘 관찰해야 한다.

4 │ 장문합술 Intestinal Anastomosis

장문합술은 장의 허혈성, 괴사성, 종양성 또는 곰팡이 감염 부분을 제거하는 데 사용된다. 비환납성 장중첩증 또한 장절제술 및 문합술을 실시한다.

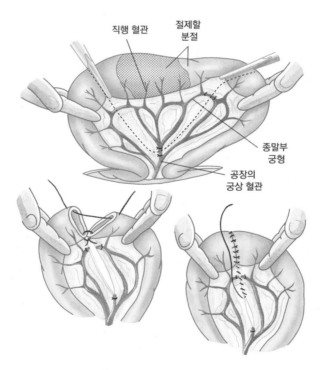

그림 5.11 장문합술을 실시할 때에는 장간막 쪽에서 먼저 봉합을 실시한다. 장문합이 끝나면
장간막을 단순 연속 봉합으로 봉합하여 장이 장간막의 벌어진 틈으로 들어가 염전되는 것을 방지한다.

• 장 노출 및 고정

복강이 열리면 손상되거나 문제가 있는 장부위를 신속하게 확인한다. 수술을 실시할 장을 멸균생리수로 적신 습윤한 타월이나 개복용 패드로 감싸서 복강 밖으로 들어내어 분리한다. 장의 생존력을 평가하여 절제할 장의 길이를 결정한다.

• 장 절개

절제할 장의 장간막 지방에 있는 궁상 혈관과 직행 혈관을 이중 결찰한다. 절제할 부위의 장 내용물을 손가락을 이용하여 부드럽게 절제부위 밖으로 밀어낸다. 장 내용물이 새어 나오지 않도록 손가락이나 비창상성 장 포셉을 이용하여 폐쇄한다. 폐쇄부 바깥쪽을 메첸바움 가위를 이용하여 장의 장축에 수직 또는 비스듬하게 절개한다. 절개면의 내용물을 흡인하여 제거하고, 필요하다면 메첸바움 가위를 이용하여 외번된 장점막을 정리한다.

사용 기구: 도이엔 장 포셉, 펜로우즈 드레인 튜브, 메첸바움 가위

• 장 및 장간막 봉합

흡수성 봉합사를 이용하여 간막의 가장자리에서 첫 번째 단순 결절 봉합을 실시한 후 두 번째 봉합은 장간막의 반대편에서 실시한다. 나머지 부분을 2mm 간격으로 단순 결절 봉합 또는 단순 연속 봉합을 실시한다. 만일 복막염이 존재하는 경우에는 단일사, 비흡수성 봉합사를 사용할 수 있다. 이때 장 내용물의 유출을 막고 장점막의 외번을 방지하기 위해서 점막보다 장막을 더 많이 포함하도록 하여 봉합을 실시한다. 매듭 시에 봉합사를 너무 과도하게 당기면 봉합사가 점막하직을 제외한 다른 층을 파고들어 손상을 일으킬 수 있으니 주의한다.

봉합기를 이용하여 장을 연결할 수 있다. 봉합기연결술에는 삼각형 끝끝연결술(Triangulating end-to-end), 내번 끝끝연결술(Inverting end-to-end), 옆옆연결술(Side-to-side) 등의 방법이 있다.

> **동물보건사 팁**
>
> 장문합술을 실시할 때 도이엔 장 포셉을 사용하면 더 손쉽게 장을 고정할 수 있다. 만일 장 포셉이 없다면 멸균된 펜로우즈 드레인이나 멸균 수액줄을 사용할 수 있다.

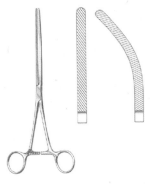

그림 5.12 도이엔 장 포셉

출처: https://www.americanmedicals.com/doyen-intestinal-forceps.html

03 생식기계 수술 Surgery of Reproductive Systems

1 고환절제술 Orchiectomy

수컷 중성화 수술(castration)은 수컷 동물의 고환을 제거함으로써 생식 능력을 영구적으로 차단하고, 호르몬 관련 질병의 예방을 목적으로 수행되는 수술이다. 이뿐만 아니라 바람직하지 않은 공격성과 짖기, 배뇨습관을 감소시킨다. 수술을 통해서 안드로겐과 관련된 질환, 전립선 질환, 항문주위선종, 회음탈장을 예방하는 데 도움이 된다. 그 외에도 선천성 기형이나 부고환 이상, 종양 및 창상, 샅굴-음낭 탈장교정술, 음낭 요도루조성술을 실시할 때에도 고환절제술이 지시된다.

• 수술 전 준비

수술 전 준비 과정에서는 최소 8시간 동안 금식을 시행하여 마취 중 구토와 관련된 위험을 감소시킨다. 또한 신체검사 및 혈액검사를 통해 환자의 전신 상태를 평가하고, 필요시 진정제와 진통제를 투여하여 마취 유도 및 통증 관리를 용이하게 한다. 또한, 동물보건사는 양쪽 고환이 모두 고환집에 내려왔는지를 확인해야 한다.

• 마취 및 기도 삽관

마취 유도는 전신마취제를 사용하여 진행되며, 기도 삽관 후 마취 가스를 지속적으로 공급함으로써 마취 상태를 유지한다. 이 과정에서 마취기, 기관 튜브, 그리고 이소플루란(isoflurane) 또는 세보플루란(sevoflurane) 등의 마취제가 사용된다.

비교적 수술이 간단하고 수술 시간이 길지 않아서 케타민(ketamine), 디아제팜(diazepam) 등과 같은 주사마취제를 이용한 화학적 보정 후에 수술을 진행하기도 한다.

• 수술 부위 준비

수술 부위의 털 제거 및 소독은 클리퍼와 소독 용액(이소프로필 알코올 또는 포비돈 요오드)을 사용하여 철저히 시행된다. 음낭과 그 주변의 털을 제거한 후, 해당 부위를 소독하여 감염의 위험을 최소화한다.

개의 거세는 주로 전음낭이나 회음부 접근을 통해서 실시하며 고양이의 경우 음낭 절개를 통해서 접근을 실시한다. 특히 고양이의 경우에는 클리퍼를 사용해서 털을 제거하는 것보다 손으로 뽑는(hair flucking) 방식으로 털을 제거하는 것이 더 효과적이다. 전음낭 절개를 통한 접근 시에는 환자를 앙와자세로 보정하고 음낭 이외의 수술 부위는 수술포로 덮는다. 몸통이 돌아가는 것을 방지하기 위해서 M형 보정대를 사용할 수 있다.

회음절개를 통한 접근 시에는 수술대 끝부분에 환자를 복와자세(배가 지면에 닿도록 엎드린 자세)로 보정한다. 이때 뒷다리는 테이블 밖으로 내려오게 위치시키고 꼬리는 머리쪽으로 당겨서 마이크로포어 등으로 고정시킨다. 배 밑에 수건을 몇 장 깔아주면 자세를 잡기가 더 쉽다.

사용 기구: 전기 클리퍼, M형 보정대, 수건

• 음낭 절개 및 고환 노출

수술 과정은 전음낭부 또는 음낭부의 피부를 메스를 이용하여 절개하면서 시작된다. 이때 한쪽 고환을 음낭을 눌러 압력을 가하면서 음낭 앞쪽으로 최대한 밀어 올리고 위치가 이동된 고환의 위에서 피부를 절개한다. 정삭근막까지 계속 절개하여 고환을 노출시키고 벽측 고환집막을 절개한다. 백막을 절개하면 고환 실질이 노출되기 때문에 백막은 절개하지 않는다. 고환을 복벽 외부로 노출시킨다.

사용 기구: 스칼펠과 블레이드 10호 또는 15호

• 고환 제거

– 개방식

고환 제거는 정삭을 결찰하고 절단하는 과정으로 이루어진다. 부고환에 부착된 고환집막을 가로질러 지혈 겸자(hemostatic forceps)를 장착하고, 집막을 잡고 있는 지혈겸자를 당기면서 집막으로부터 부고환 꼬리의 인대를 분리시킨다. 정삭과 혈관조직을 각각 결찰한 다음 두 조직을 한꺼번에 둘레봉합으로 결찰한다. 결찰은 주로 2-0 또는 3-0 흡수성 봉합사를 이용하며, 전기소작기를 이용할 수도 있다. 고환과 가까운 쪽에서 정삭을 가로질러 지혈겸자를 장착한다. 결찰부위 정관을 애드슨 썸 포셉으로 잡고 지혈겸자와 결찰부 사이의 정관을 절단 후, 정삭의 출혈을 확인하고 집막 내로 정삭을 집어넣는다. 반대쪽 고환 역시 동일한 방법으로 제거된다.

그림 5.13 수캐의 고환적출술

사용 기구: 지혈 겸자, 흡수성 봉합사

– 폐쇄식

고환집막을 절개하지 않은 채로 결찰하는 방법으로 주로 고양이의 거세에서 많이 사용한다. 노출된 정삭 위에 지혈겸자를 올려놓는다. 원위부(고환쪽) 정삭을 지혈겸자 위로 한 번 감아준다. 반대편 손으로 고환을 잡은 채 지혈겸자를 정상의 배쪽으로 향하게 한다. 지혈겸자의 끝부분을 벌려서 정삭의 끝쪽을 잡는다. 고환쪽 정삭을 절단한 후 지혈겸자 주위로 만들어 놓은 고리로 절단된 정삭을 통과시킨다. 단단하게 매듭을 지은 후에 남아 있는 정삭을 제거하고 출혈을 확인한 다음 정삭을 고환집막에 다시 집어넣는다.

사용 기구: 지혈 겸자

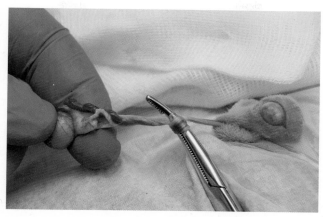

그림 5.14 수컷 고양이의 고환적출술. 모스키토 포셉을 이용하여 정삭과 혈관을 매듭짓는다.

• 음낭 봉합

피하 조직은 흡수성 봉합사를 이용해 봉합되며, 피부는 비흡수성 봉합사나 봉합용 접착제(tissue adhesives)를 사용하여 봉합된다. 이러한 봉합을 통해 음낭의 구조적 안정성을 유지하고, 상처의 빠른 회복을 도모한다.

사용 기구: 니들 홀더, 비흡수성 봉합사, 외과 가위

• 수술 후 관리

마취 회복 단계에서는 산소 공급 장치와 히팅 패드와 담요와 같은(heating pads & blankets) 체온 조절 장치를 사용하여 환자의 체온을 유지하고, 마취로 인한 호흡 및 심박수 변화를 모니터링한다. 수술 후 통증 관리를 위해 진통제를 투여하며, 필요시 항생제를 투여하여 감염을 예방한다.

• 수술 후 관리

환자가 술부를 핥지 못하도록 엘리자베스 칼라(E-collar)를 착용한다. 수술 후 10~14일 후에 봉합 제거를 시행하며, 상처의 회복 상태를 확인한다. 봉합 제거 발사 가위(suture removal scissors)가 사용된다. 상처 부위는 청결히 유지되어야 하며, 봉합이 완전하게 치유된 후 비흡수성 봉합사가 제거된다.

사용 기구: 엘리자베스 칼라(E-collar), 발사 가위

• 마취 및 수술 중 주의사항

수술 중에는 심전도 모니터(ECG), 맥박산소측정기(pulse oximeter), 혈압 측정기 등의 장비

를 사용하여 환자의 생리적 상태를 지속적으로 모니터링한다. 체온 유지 장비는 수술 중과 수술 후 저체온증을 방지하기 위해 필수적으로 사용된다.

• 합병증

수술 중 발생할 수 있는 합병증으로는 출혈, 감염, 봉합부 열개 등이 있다. 출혈은 정삭의 결찰이 불완전할 경우 발생할 수 있으며, 수술 부위의 감염은 환자가 핥거나 적절한 소독과 관리가 이루어지지 않을 때 발생할 수 있다. 봉합이 풀리거나 터질 위험이 있으므로, 봉합부 상태를 지속적으로 확인해야 한다.

수컷 중성화 수술은 비교적 간단한 외과적 수술로, 철저한 준비와 관리가 이루어진다면 예후가 양호하다. 각 수술 단계에서 적절한 수술기구와 기법이 사용될 경우 빠르게 수술을 실시할 수 있고 합병증의 발생을 최소화할 수 있으며, 수술 후의 통증 관리와 상처 관리를 통해 빠른 회복이 가능하다.

> **동물보건사 팁**
>
> 중성화 수술 후 핥아서 실밥이 풀리거나 술부에 감염이 되는 문제가 빈번히 발생하기 때문에 동물보건사는 수술 후에 환자에게 올바른 크기의 넥칼라를 장착해야 한다.
> 고양이는 음낭의 털을 클리퍼를 이용해서 깎는 것보다 손으로 뽑는 것이 더 깨끗하게 제거된다.

② 난소자궁절제술 Ovariohysterctomy

암컷 중성화 수술(난소자궁절제술)은 자궁과 난소를 제거하여 번식을 차단하고 호르몬 관련 질병을 예방하는 일반적인 수술이다. 대표적으로 유선종양 혹은 생식기 기형의 예방과 자궁축농증, 자궁염, 종양, 자궁염전, 자궁탈, 질탈, 비정상적인 내분비 질환의 조절(당뇨병, 간질) 및 피부병의 치료에 중성화수술이 지시될 수 있다.

• 수술 전 준비

수술 전에는 검상돌기에서 치골까지 복부의 털을 제거하고 수술 부위를 소독한다. 이를 위해 클리퍼와 소독 용액이 사용된다. 이 단계에서 털을 깔끔하게 제거한 후, 이소프로필 알코올 또는 포비돈 요오드를 사용하여 수술 부위를 철저히 소독한다.

• 마취 및 기도 삽관

전신마취를 유도한 후, 기도 삽관을 통해 마취 가스를 공급하여 마취 상태를 유지한다.

이 과정에서 마취기, 기도 삽관 튜브, 그리고 마취 가스가 사용된다. 마취제를 투여하여 동물을 마취시키고, 기도 삽관을 통해 필요한 산소와 마취 가스를 공급한다.

• 복부 절개

복부 절개는 배꼽 아래 복부 중앙 부위를 절개하는 과정으로 배꼽에서 치골까지를 3등분으로 나누어 개는 배꼽 바로 뒤쪽부터 하복부 앞쪽 1/3 부위에서 절개를 실시한다. 흉강이 깊거나 자궁이 큰 개는 절개선을 앞뒤쪽으로 연장한다. 사춘기 전의 자견과 고양이는 3등분 중 중간 부분을 절개한다. 피부를 절개하여 백선을 노출시킨 후 바깥쪽으로 벌리면서 복강 내로 찌름절개를 실시한다. 절개부위를 메이요 가위를 이용해서 확장한다. 메스와 조직 겸자를 사용하여 피부와 피하 조직을 절개하고, 절개 부위를 안정적으로 유지한다. 복벽을 절개할 때는 메스, 조직 겸자, 곡선 가위, 지혈 겸자를 사용하여 복강에 접근하고 출혈을 최소화한다.

• 자궁과 난소 노출

애드슨 썸 포셉 또는 조직 포셉으로 복벽을 잡고 들어 올린다. 오바리안 후크(ovarian hook)를 복벽을 따라 신장 2~3cm 뒤쪽으로 조심스럽게 밀어 넣는다. 후크를 내측으로 돌려서 자궁각, 자궁넓은인대(broad ligaments) 또는 고유인대(proper ligaments)에 걸어서 난소와 자궁각을 복강 밖으로 견인한다. 자궁갈림을 확인하여 소장이 아닌 자궁각임을 확인한다. 신장과 가까운 쪽의 걸이인대를 난소혈관이 찢어지지 않게 잡아당겨서 난소를 노출시킨다. 둘째 손가락을 이용하여 이 인대를 자궁각에서 뒤쪽 외측으로 당겨 파열시키면 난소가 수월하게 복강 밖으로 견인된다. 난소 뒤쪽 자궁넓은인대에 구멍을 만들고 한 개 또는 두 개의 로체스터-카말트 겸자(Rochester-Carmalt forceps)를 난소 가까이에서 난소간막을 통과해서 잡고 다른 지혈겸자를 이용하여 난소고유인대를 잡아서 고정한다.

• 난소 및 자궁 절제

난소간막의 클램프 근위쪽을 2-0 또는 3-0 흡수성 봉합사를 이용하여 '8자형'으로 결찰한다. 난소간막의 중간 부위에 끝이 무딘 바늘을 통과시켜 먼저 한쪽 면에 고리를 만들고 그다음 바늘을 같은 방향에서 처음과 같은 방향으로 통과시켜 나머지 반쪽에 고리를 만들어 단단하게 결찰한다. 이때 한 개의 클램프(겸자)를 제거하거나 또 다른 클램프로 고정한다. 첫 번째 봉합의 아래쪽에 두 번째로 둘레 봉합을 실시한다.

할스테드 모스키토 지혈겸자(Halstaed mosquito hemostatic forceps)를 이용하여 난소 가까운 쪽의 걸이 인대를 잡아 고정한 후 로체스터-카말트 겸자와 난소 사이의 난소간막을 절단한다. 난소간막으로부터 카말트 겸자를 제거하여 출혈 여부를 살핀다. 출혈이 있다면 겸자를 다시 채우고 난소간막을 다시 결찰한다. 반대편 자궁각도 동일하게 결찰을 실시한다.

자궁체 및 자궁동정맥에 인접한 넓은 인대에 창을 만들고 양쪽 넓은 인대를 가로질러 카말트 겸자를 장착하고 절단한다. 자궁목 앞에서 자궁체에 8자 봉합을 실시하여 양쪽 자궁 혈관들을 감싸면서 결찰한다. 다음 자궁목에 둘레봉합을 실시한다. 결찰 근위부에 자궁체를 가로지르는 카말트 겸자를 장착한다. 결찰부 위 앞쪽에 할스테드 모스키토 포셉으로 잡아 고정한 후 자궁체를 절단 후 출혈을 확인한다.

- **복부 봉합**

복벽과 피하 조직을 흡수성 봉합사로 봉합하여 복강 내 장기가 외부로 탈출하지 않도록 한다. 피부를 봉합할 때는 비흡수성 봉합사, 스테이플러, 또는 봉합용 접착제를 사용할 수 있다.

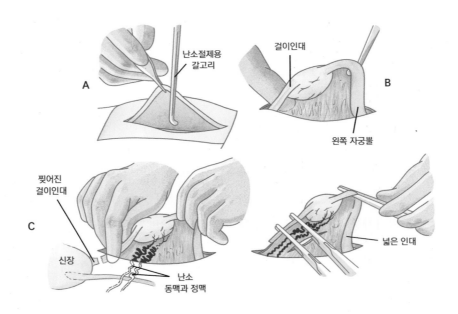

그림 5.15 난소자궁적출술. 보조자는 술자가 난소를 견인하기 쉽도록 복벽을 바깥쪽으로 젖혀서 시야를 확보시켜준다.

• 수술 후 관리

수술 후에는 마취에서 깨어날 때까지 체온을 유지하고 호흡을 모니터링한다. 통증 관리를 위해 진통제를 투여하며, 감염 예방을 위해 항생제를 사용할 수 있다. 상처가 잘 아물었는지 확인하고, 비흡수성 봉합사는 일반적으로 수술 후 10~14일이 지나면 제거한다.

• 마취 및 수술 중 주의사항

마취 중에는 심전도 모니터, 맥박산소측정기, 혈압 측정기를 사용하여 환자의 상태를 모니터링한다. 전신마취 중 체온이 급격히 떨어질 수 있으므로 체온 유지 장비를 사용하여 체온을 안정적으로 유지한다.

이와 같은 체계적이고 철저한 절차와 기구 사용은 암컷 중성화 수술의 성공률을 높이고, 수술 후 회복을 원활하게 한다.

동물보건사 팁

난소를 절제할 때 통증이 심해서 마취된 동물의 호흡수가 증가한다. 마취를 보는 동물보건사는 난소를 절제할 때 수술 중 각성이 되지 않도록 마취를 잘 조절해야 한다.
수술 후 환자가 핥지 못하도록 넥칼라를 착용하고 핥지 못하는지 확인해야 한다.

3 제왕절개술 Cesarean Section

개의 제왕절개술은 자연 분만이 어려운 경우, 즉 태아가 자연적으로 출산될 수 없는 경우에 시행되는 수술이다. 주로 난산이나 태아의 부패 시에 실시한다. 선택적 제왕절개술은 단두견종이나 난산 또는 골반골절의 부정유합 병력이 있는 동물에서 흔히 실시한다. 난산인 동물은 대개 수분 및 전해질 불균형이 있기 때문에 이를 사전에 교정해야 한다.

• 수술 전 준비

수술 전에는 검상돌기에서 치골까지 복부의 털을 제거하고 수술 부위를 소독한다. 이를 위해 클리퍼와 소독 용액이 사용된다. 이 단계에서 털을 깔끔하게 제거한 후, 이소프로필 알코올 또는 포비돈 요오드를 사용하여 수술 부위를 철저히 소독한다. 이 과정은 감염 위험을 줄이기 위해 중요하다.

• 마취 및 기도 삽관

전신마취를 유도한 후, 기도 삽관을 통해 마취 가스를 공급하여 마취 상태를 유지한다. 이 과정에서 마취기, 기도 삽관 튜브, 그리고 마취 가스가 사용된다. 마취제를 투여하여 동물을 마취시키고, 기도 삽관을 통해 필요한 산소와 마취 가스를 공급한다.

• 복부 절개

배꼽에서 시작하여 골반 근처까지 복부 중앙 부위로 피부를 절개한다. 실수로 인한 자궁 열상을 방지하기 위해 복벽 찌름절개를 실시하기 전에 반드시 바깥배곧은근집을 들어 올린다. 임신자궁은 쉽게 찢어질 수 있기 때문에 자궁을 잡아당기기보다 조심스럽게 들어 올려 복강 밖으로 견인한다.

사용 기구: 메스, 조직 겸자, 메이요 가위

• 자궁 절개 및 태아 노출

태아를 피하여 자궁체를 절개한다. 메첸바움 가위를 이용하여 절개부를 연장할 수 있다. 태아를 절개부로 조심스럽게 밀어내어 꺼낸다. 각각의 새끼가 나오면 양막을 터뜨리고 탯줄을 결찰하거나 할스테드 모스키토 포셉을 이용하여 집는다. 복강과 술야가 양수로 오염되지 않도록 주의한다. 태아를 보조자에게 무균적으로 전달한다. 태반이 분리되지 않은 경우에는 부드럽게 당겨서 자궁내막으로부터 분리한다.

• 자궁 봉합 및 복부 봉합

자궁 내용물이 새어 나오지 않도록 자궁 절개 부위를 3-0 또는 4-0 흡수성 봉합사로 내번봉합(쿠싱 또는 램버트)을 실시한다. 이때 자궁수축을 유도하기 위해서 옥시토신(oxytocin)을 투여할 수 있다. 수술 부위를 멸균생리식염수로 세정한 후 오염된 수술기구, 장갑을 교체한다. 필요시 복강 세척을 실시하고 복벽을 배곧은막, 피하조직, 피부 3열로 봉합한다.

사용 기구: 흡수성 봉합사, 니들홀더, 디바키 포셉, 새로운 수술장갑, 석션기, 풀 석션팁, 옥시토신, 에르고노빈(ergonovine maleate)

• 피부 봉합

복부 근육과 피하 조직을 흡수성 봉합사로 봉합하고, 피부를 비흡수성 봉합사나 스테이플러를 사용하여 봉합한다. 이때 봉합사가 태아를 자극할 수 있으므로 피부 봉합은 흡수성 봉합사를 이용하여 피하봉합이나 피내봉합을 실시한다. 봉합 후에는 수술 부위가 잘 닫혔는지 확인한다.

사용 기구: 흡수성 봉합사, 니들 홀더, 피부용 스테이플러(skin stapler)

• 수술 후 관리

수술 후 마취에서 깨어날 때까지 동물의 체온을 유지하고 호흡을 모니터링한다. 수술 후 회복 상태를 확인하며, 필요한 경우 산소와 체온 조절 장비를 사용한다.

수술 후 통증을 완화하기 위해 진통제를 투여하며, 감염 예방을 위해 항생제를 사용할 수 있다. 상처가 잘 치유되는지 확인하고, 수술 후 관리에 유의한다.

• 신생견의 관리

태아를 받아서 소생시키는 일은 주로 동물보건사의 역할이다. 따라서 태아를 받기 전에 태아를 건조시키고, 따뜻하게 하기 위해 마른 수건, 드라이기, 적외선 램프 등을 준비한다. 또한 태아의 자발호흡을 빠르게 유도하기 위해서 구강 내에서 체액을 빼낼 수 있도록 석션기나 날록손(Naloxon)과 같은 마취 길항제, 독사프람(Doxapram)과 같은 호흡 촉진제를 준비해 둔다.

태아의 탯줄을 결찰하기 위한 봉합사, 가위도 준비해 둔다. 태아가 나오면 마른 수건, 적외선 램프 등으로 체온을 빠르게 가온하면서 수건으로 등을 문질러 호흡을 자극해야 한다. 이때 태아의 코에서 물이 나온다면 석션기나 구강 흡입을 통해서 액체를 흡인하여 호흡을 편하게 돕는다. 위의 처치에도 자발호흡을 하지 않는다면 신생견의 혀 밑에 날록손이나 독사프람을 한 방울 떨어뜨려 마취제의 효과를 길항하고 호흡을 촉진시킨다.

신생견의 탯줄을 복벽에서 약 1~2cm 정도 떨어진 곳에서 결찰하고 원위부 탯줄을 잘라 낸다. 어미견의 수술이 끝나고 회복할 때까지 신생견은 따뜻한 환경을 유지해 주고, 필요시 산소를 공급한다.

• 수술 후 예후 및 관리

수술 후 상처가 잘 아물었는지 확인하고, 필요시 봉합사를 제거한다. 일반적으로 수술 후 10~14일 후에 봉합사를 제거하며, 상처가 깨끗하고 치유가 잘 되었는지 평가한다.

• 마취 및 수술 중 주의사항

전신마취 중 체온이 급격히 떨어질 수 있으므로 체온 유지 장비를 사용하여 체온을 안정적으로 유지한다.

개의 제왕절개술은 체계적이고 철저한 준비와 절차가 필수적인 수술이다. 각 단계에서 적절한 기구 사용과 관리가 이루어지면 수술의 성공률이 높아지고, 동물의 회복이 원활하게 이루어질 수 있다. 특히 어미 개의 수술과 태아의 관리라는 두 가지 절차가 동시에 진행되기 때문에 추가적인 인력이 필요함을 숙지해야 한다.

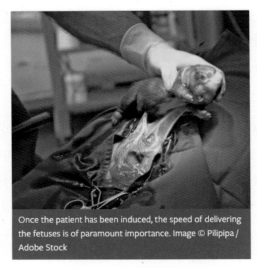

Once the patient has been induced, the speed of delivering the fetuses is of paramount importance. Image © Pilipipa / Adobe Stock

그림 5.16 개의 제왕절개술

04 비뇨기계 수술 Surgery of Urogenital Systems

1 방광절개술 Cystotomy

방광절개술은 방광을 절개하여 방광 내 결석, 종양, 이물질 등을 제거하거나 방광 문제를 진단하고 치료하기 위해서 실시한다. 주로 결석이나 이물질 제거, 이소성 요관의 교정, 폴립의 제거 등을 위해서 실시한다.

• 수술 전 준비

환자는 수술 전 철저한 평가가 필요하다. 방광절개술은 전신마취하에서 이루어지기 때문에 마취 전 건강 상태를 평가해야 하며, 방광 문제를 진단하기 위해 혈액 검사와 방사선 촬영, 초음파 검사를 시행한다. 특히 결석이 방광에 있는 경우 위치와 크기를 정확하게 확인하는 것이 중요하다.

• 마취 및 기도 삽관

전신마취를 유도한 후, 기도 삽관을 통해 마취 가스를 공급하여 마취 상태를 유지한다. 이 과정에서 마취기, 기도 삽관 튜브, 그리고 마취 가스가 사용된다. 마취제를 투여하여 동물을 마취시키고, 기도 삽관을 통해 필요한 산소와 마취 가스를 공급한다. 환자의 자세는 앙와위로 테이블에 고정한다.

• 복부 절개

복부 절개는 배꼽과 치골 사이 복부 중앙선을 따라 절개한다. 흉강이 깊거나 자궁이 큰 개는 절개선을 앞뒤쪽으로 연장한다. 피부를 절개하여 백선을 노출시킨 후 바깥쪽으로 벌리면서 복강 내로 찌름절개를 실시한다. 절개부위를 메이요 가위를 이용해서 확장한다. 메스와 조직 겸자를 사용하여 피부와 피하 조직을 절개하고, 절개 부위를 안정적으로 유지한다. 복벽을 절개할 때는 메스, 조직 겸자, 곡선 메이요 가위, 지혈 겸자를 사용하여 복강에 접근하고 출혈을 최소화한다.

• 방광 노출 및 고정

복강이 열리면 방광을 조심스럽게 다룬다. 방광이 충분히 팽창되어 있으면, 쉽게 노출되지만 수축된 상태일 경우 탐침(probe)을 통해 방광을 부드럽게 노출시킨다. 방광을 복강 밖으로 견인 후 젖은 거즈나 개복용 패드를 사용해 주변 조직을 보호한다. 이후 조작을 용이하게 하기 위해서 방광의 첨부에 지지봉합을 실시한다.

• 방광 절개

절개는 주요 혈관, 요관이나 요도에서 떨어진 방광의 배쪽 혹은 등쪽에서 실시한다. 방광 내에 소변이 차있을 수 있기 때문에, 조심스럽게 찌름절개를 실시한 후에 석션기를 이용하여 방광 내에 있는 소변을 제거한다. 석션기를 사용할 수 없다면 요도카테터를 미리 장착해서 카테터를 통해서 소변을 제거하거나 방광천자를 실시하여 소변을 제거할 수도 있다.

• 방광 봉합

결석이나 폴립 등을 제거한 후에 방광벽을 봉합한다. 방광은 흡수성 봉합사를 사용하여 1열이나 2열로 봉합한다. 만일 방광벽이 두껍다면 1열 봉합으로도 충분하며, 이때 이상적으로는 봉합 시 방광 봉합사가 방광 내강을 관통해서는 안 된다. 2열 봉합을 실시하는 경우 장막-근육층에 2열 연속내번봉합(쿠싱 또는 램버트 봉합)을 실시하여 혹시 모를 소변의 누출을 방지한다.

사용 기구: 흡수성 봉합사, 니들 홀더, 디바키포셉, 외과 가위

• 복부 봉합

필요시 방광 봉합 후 복강 세척을 실시하여 소변이나 다른 오염물질(소변이 묻은 결석)이 남아 있지 않도록 한다. 복벽과 피하 조직을 흡수성 봉합사로 봉합하여 복강 내 장기가 외부로 탈출하지 않도록 한다. 피부를 봉합할 때는 비흡수성 봉합사, 스테이플러, 또는 봉합용 접착제를 사용할 수 있다.

• 수술 후 관리

수술 후에 혈뇨가 관찰될 수 있고, 배뇨통이 있을 수 있기 때문에 요도카테터를 3~5일 장착하여 관리한다. 수술 후에는 마취에서 깨어날 때까지 체온을 유지하고 호흡을 모니터링한다. 통증 관리를 위해 진통제를 투여하며, 감염 예방을 위해 항생제를 사용할 수 있다. 상처가 잘 아물었는지 확인하고, 비흡수성 봉합사는 일반적으로 수술 후 10~14일이 지나면 제거한다.

• 마취 및 수술 중 주의사항

마취 중에는 심전도 모니터, 맥박산소측정기, 혈압 측정기를 사용하여 환자의 상태를 모니터링한다. 전신마취 중 체온이 급격히 떨어질 수 있으므로 체온 유지 장비를 사용하여 체온을 안정적으로 유지한다.

이와 같은 체계적이고 철저한 절차와 기구 사용은 암컷 중성화 수술의 성공률을 높이고, 수술 후 회복을 원활하게 한다.

> **▶ 동물보건사 팁**
>
> 배뇨장애로 인해서 전해질과 산염기 불균형이 있는 환자는 마취 도입 전에 반드시 교정해야 한다. 마취를 담당하는 동물보건사는 수술 중 부정맥이 발생하는지 유의해서 관찰해야 한다.

수컷의 경우 방광을 노출시키기 위해서 음경 옆 피부를 절개한다. 수술을 준비하는 동물 보건사는 이 점을 고려해서 술전 준비 및 소독을 실시한다.

수술에 들어가기 전에 꺼낸 결석을 검사실로 보내기 위한 작은 컨테이너를 준비해야 한다.

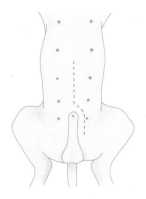

그림 5.17 방광절개술을 위한 가상의 피부 절개선

05 근골격계 수술 Surgery of Musculoskeletal Systems

1 대퇴골두절단술 Femoral Head and Neck Ostectomy, FHO

대퇴골두절단술은 대퇴골의 골두(head of femur)를 절제하여 고관절의 기능을 개선하는 수술이다. 주로 고관절 이형성증, 대퇴골두 괴사, 외상으로 인한 고관절 탈구 등을 치료하기 위해 시행되며, 절제된 부위는 섬유조직으로 대체되어 인공관절 없이도 기능을 유지할 수 있다. 이 수술은 특히 체중이 적은 반려동물에서 유용하게 사용된다.

• 수술 전 준비

대퇴골두절단술을 시행하기 전, 환자의 전반적인 상태를 평가해야 한다. 환자의 고관절 상태를 확인하기 위해 방사선 촬영 및 기타 영상 검사를 시행하여 대퇴골두와 관절의 손상 정도를 파악한다. 또한, 전신마취에 대한 적합성을 평가하고, 수술 전 혈액 검사 등을 통해 건강 상태를 확인한다.

• 마취 및 기도 삽관

전신마취를 유도한 후, 기도 삽관을 통해 마취 가스를 공급하여 마취 상태를 유지한다. 이 과정에서 마취기, 기도 삽관 튜브, 그리고 마취 가스가 사용된다. 마취제를 투여하여 동물을 마취시키고, 기도 삽관을 통해 필요한 산소와 마취 가스를 공급한다. 환자는 수술하는 다리가 위쪽으로 올라오도록 횡와위(옆으로 누운 자세)를 취하여 테이블에 고정한다.

• 술부 절개

피부를 절개하여 대퇴골두와 고관절에 접근한다. 절개는 고관절 전외측에서 이루어지며, 피부와 피하조직을 절개한 후 근육층과 관절낭을 조심스럽게 절개하여 고관절에 접근한다. 골겸자(bone holding forceps)를 이용하여 대퇴 큰결절을 외측으로 견인하면 고관절이 아탈구되어 골두에 위치한 인대를 절개하기 용이하다. 관절 안으로 곡가위(curved scissors)나 페리오스티얼 엘리베이터(periosteal elevator) 등을 집어넣어서 인대를 절단한다. 피하조직을 근육을 겔피 리트렉터(Gelphi retractors)를 이용해서 벌려두면 술부를 확인하기에 더 용이하다. 불필요한 출혈은 전기소작기를 이용해서 지혈한다.

사용 기구: 전기소작기, 겔피 리트렉터, 쎈 리트렉터(Senn retractors), 오스테오톰(osteotome), 망치(mallet), 전동톱(oscillating saw), 론저(rongeurs)

• 대퇴골두 노출 및 절제

대퇴골두와 경부(neck of femur)를 완전히 노출시키면, 톱 또는 본커터(bone cutter), 오스테오톰과 망치 등을 이용해 대퇴골두를 절단한다. 전동톱을 이용해서 골절단술을 실시하는 것이 더 쉬울 수도 있다. 골 절단 시 중요한 신경과 혈관을 피하기 위해 신중하게 절단해야 한다. 대퇴골두가 완전히 절단된 후, 론저 및 본파일(bone file)을 이용하여 골절단면을 부드럽게 다듬어 남은 골편이 주변 조직을 손상시키지 않도록 한다.

사용 기구: 톱, 본커터, 론저, 본파일

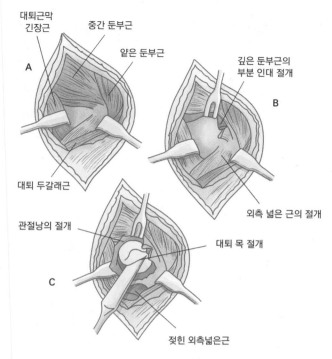

대퇴근막
긴장근

중간 둔부근

얕은 둔부근

깊은 둔부근의
부분 인대 절개

A

B

대퇴 두갈래근

외측 넓은 근의 절개

관절낭의 절개

대퇴 목 절개

C

젖힌 외측넓은근

그림 5.18 대퇴골두절단술의 모식도

• 관절 공간 및 주변 조직 관리

대퇴골두를 절제한 후, 남은 관절 부위를 멸균생리식염수로 깨끗하게 세척하고 주변 조
직을 정리한다. 절제된 부위는 시간이 지나면서 섬유조직으로 채워지게 된다. 이 과정에서
부드러운 섬유조직이 관절 공간을 형성하게 되어, 동물은 통증 없이 운동할 수 있게 된다.

동물보건사 팁

정형외과적 수술에서 관절 부위나 연부조직을 세척할 때에는 멸균생리식염수나 하트만액을 주로 사용
한다.

• 봉합

대퇴골두 절제와 주변 조직 세척이 완료되면, 절개한 근육층과 조직을 원래 위치로 복원
하고 봉합한다. 근육층과 피하조직을 흡수성 봉합사를 이용하여 봉합한 후, 마지막으로 피
부를 봉합하여 수술을 마무리한다.

• 수술 후 관리

수술 부위를 다시 한번 소독한 후, 감염 방지를 위한 드레싱을 시행한다. 항생제를 투여하여 감염을 예방하며, 출혈 여부를 확인한 후 수술 부위를 깨끗하게 유지한다.

대퇴골두절단술 후에는 물리치료가 매우 중요하다. 수술 후 빠르게 운동 범위를 회복하고, 근육 위축을 방지하기 위해 재활치료가 필요하다. 환자는 점진적인 활동을 통해 관절을 강화해야 한다.

동물보건사 팁

대퇴골두절단술의 적응증

• 고관절 이형성증(Hip dysplasia)
  고관절의 선천적 기형으로 인해 고통을 호소하는 경우, 대퇴골두절단술을 통해 관절통을 완화할 수 있다.

• 대퇴골두 괴사(Legg-Calvé-Perthes Disease)
  대퇴골두로 가는 혈류가 차단되어 골두가 괴사하는 질환으로, 특히 소형견에서 흔히 발생한다. 괴사된 대퇴골두를 제거하여 통증을 완화한다.

• 대퇴골두 골절
  외상에 의해 대퇴골두가 골절된 경우, 골절 부위를 고정하는 대신 대퇴골두를 절제하여 통증을 해결할 수 있다.

• 고관절 탈구
  고관절이 지속적으로 탈구되어 보존적 치료로 교정되지 않는 경우, 대퇴골두절단술을 통해 탈구된 관절을 제거하여 문제를 해결할 수 있다.

2 내측 슬개골탈구 교정술 Repair of Medial Patellar Luxation

내측 슬개골 탈구 교정 수술은 슬개골이 정상 위치에서 벗어나 내측으로 탈구되는 문제를 해결하는 수술이다. 주로 소형견에서 많이 발생하며, 탈구된 슬개골은 다리의 불안정성을 유발하고 통증과 관절염을 초래할 수 있다. 이 수술은 슬개골이 올바른 위치로 유지되도록 교정하는 절차로 이루어진다.

• 수술 전 준비

내측 슬개골 탈구 수술을 시행하기 전에 환자의 전신 상태를 평가하고, 슬개골 탈구의 정도를 파악하기 위해 신체검사 및 방사선 검사를 실시한다. 증상이 심한 경우에 절골술 시행 여부를 판단하기 위해서 CT촬영을 하기도 한다. 슬개골 탈구는 1기에서 4기까지 등급이 나뉘며, 이는 수술 필요성을 결정하는 중요한 요소이다. 마취 전 건강 상태를 철저히 검사하고, 혈액 검사와 함께 마취 전 검사도 시행한다.

• 마취 및 체위 조정

환자에게 전신마취를 시행한 후 환자를 앙와위 자세로 수술 테이블에 고정한다. 슬개골과 대퇴골 부위를 클리핑을 실시하고 소독제를 사용하여 소독한다. 수술하는 뒷발의 비절 원위부는 라텍스 장갑으로 감싼 후 종이테이프를 이용해 고정한다. 이후 코반을 이용하여 다리를 걸 수 있는 형태로 감아준다.

• 절개 및 관절 노출

무릎관절의 내측 또는 외측에서 피부를 절개하여 무릎관절 부위에 접근한다. 대퇴골과 슬개골 주위의 조직을 신중하게 분리하여 슬관절을 노출한다. 슬개골과 대퇴골 사이의 관절낭을 열어, 슬개골이 탈구된 상태를 확인하고 교정할 수 있도록 준비한다.

• 슬개골 고정 및 대퇴골 교정

내측 슬개골 탈구는 대퇴골의 홈이 얕거나 관절 주변 인대가 불균형하게 발달한 경우 발생한다. 이를 교정하기 위해 여러 절차가 진행된다.

– 대퇴골 고랑 성형술(Trochleoplasty)

대퇴골의 고랑(trochlear groove)을 더 깊게 파내어 슬개골이 안정적으로 위치할 수 있도록 한다. 오스테오톰을 사용해 고랑을 파내며, 대퇴골 고랑을 충분히 깊게 만들어 슬개골이 잘 안착하여 움직이도록 조정한다.

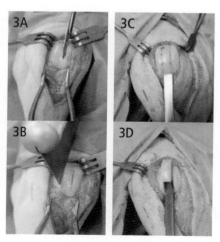

그림 5.19 대퇴골 고랑 성형술

출처: https://www.cliniciansbrief.com/column/procedures-pro/medial-patellar-luxation

– 경골조면이식술(Tibial Tuberosity Transposition, TTT)

슬개골의 위치를 바꾸기 위해 슬개골 인대가 부착된 경골 결절(tibial tuberosity)을 절제한 후, 이를 더 외측으로 이동시켜 슬개골의 위치를 조정한다. 결절을 이동시킨 후 핀으로 고정하여 슬개골의 정상적인 위치를 유지할 수 있게 한다.

사용 기구: 핀(pin), 와이어(wire), 전기 드릴(electric drill), 핀커터(pin cutter)

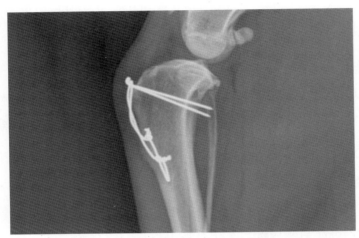

그림 5.20 핀과 와이어를 사용하여 경골조면이식술을 실시한 후 촬영한 방사선 사진

출처: https://www.kentdalevets.co.uk/about-us/fixed-price-packages/medial-patella-luxation-surgery

– 내측 인대 강화 및 외측 인대 이완

내측 인대는 너무 짧거나 강하게 발달되어 슬개골을 내측으로 당기고, 외측 인대는 느슨해져 있는 경우가 많다. 내측 인대는 절개하거나 신장시키고, 외측 인대는 강화하여 슬개골을 정상 위치에 유지할 수 있게 한다.

• 봉합 및 복원

슬개골을 정상 위치에 고정하고 모든 교정 작업이 완료되면, 절개된 관절낭과 주변 조직을 봉합한다. 이후 피부층을 봉합하여 수술을 마무리한다. 봉합 후 수술 부위는 소독하고 감염 예방을 위해 드레싱을 한다.

• 수술 후 소독 및 드레싱

봉합이 완료된 후 수술 부위를 소독하고 드레싱을 시행한다. 항생제를 투여하여 감염을 방지하고, 수술 부위를 깨끗하게 유지한다. 출혈 여부를 모니터링하고 수술 후 통증 관리가 필수적이다.

• 회복 및 재활

수술 후 회복 기간 동안 환자의 상태를 면밀히 모니터링해야 한다. 통증을 조절하고, 항생제와 진통제를 투여하며, 수술 후 재활치료가 중요하다. 관절의 유연성을 유지하고 근육을 강화하기 위해 점진적인 운동을 시행하며, 필요시 물리치료를 병행할 수 있다.

내측 슬개골 탈구 교정술은 슬개골이 정상 위치에서 내측으로 탈구된 경우 이를 교정하여 다리의 안정성과 기능을 회복하는 수술이다. 대퇴골 고랑을 깊게 파내거나 경골 결절을 이동시키는 등 다양한 방법을 통해 슬개골이 올바른 위치에 고정될 수 있도록 하며, 수술 후 재활치료가 매우 중요하다.

> **동물보건사 팁**
>
> 슬개골 탈구 교정술을 실시한 후 경우에 따라 로버트-존스 붕대를 실시할 수 있다. 동물보건사는 붕대를 실시한 다리가 붓는지, 붕대가 오염되는지 유의 깊게 살펴봐야 한다.

3 전십자인대파열 교정술 Repair of Cranial Cruciate Ligament Rupture

전십자인대파열 교정술은 개에서 가장 흔히 발생하는 슬관절 문제 중 하나인 전십자인대파열을 치료하기 위한 수술 방법이다. 전십자인대(Cranial cruciate ligament, CCL)는 슬관절을 안정화하는 중요한 구조로, 이 인대가 손상되면 다리의 기능에 심각한 장애가 발생할 수 있다. 이 문제를 교정하기 위한 수술 방법에는 여러 가지가 있으며, 그중 대표적인 방법으로 관절낭외고정술(extracapsular repair)과 TPLO(tibial plateau leveling osteotomy) 기법이 있다.

(1) 관절낭외고정술(Extracapsular Repair)

관절낭외고정술은 전통적인 전십자인대 교정술로, 인대 자체를 복구하지 않고 대체 구조물을 사용하여 슬관절을 안정화하는 방법이다. 주로 인대가 완전히 파열된 경우나 나이가 많은 동물에서 많이 시행되는 방법이다.

• 수술 전 준비

수술 전 슬관절의 상태를 방사선 촬영을 통해 확인하고, 전신마취 후 수술 부위를 소독한다. 전십자인대의 손상 여부를 정확히 평가한 뒤, 필요한 기구와 대체 구조물을 준비한다.

• 절개 및 관절 노출

피부를 절개하여 슬관절에 접근한다. 관절낭을 열지 않고 외부에서 전십자인대가 있었던 부위에 대체 구조물을 설치할 준비를 한다. 대퇴골과 경골을 노출시키기 위해 주변 조직을 조심스럽게 분리한다.

• 고정 장치 설치

대체 인대 역할을 할 강한 실이나 나일론 재질의 구조물을 대퇴골 외측의 파벨라(fabella) 뼈에서 경골까지 연결하여 고정한다. 이러한 고정은 인공적인 인대를 형성해 전십자인대가 담당했던 관절의 안정성을 복구하는 역할을 한다. 실은 적절한 장력으로 조절되어야 하며, 너무 느슨하거나 너무 타이트하지 않도록 해야 한다.

사용 기구: 나일론 또는 타이트로프(tightlope)

• 봉합 및 소독

모든 고정 작업이 완료되면 절개한 피부와 조직을 봉합한다. 수술 부위를 소독하고 드레싱을 시행하여 감염을 예방한다.

(2) TPLO 수술(Tibial Plateau Leveling Osteotomy)

TPLO 수술은 경골(정강이뼈)의 경사각을 조정하여 전십자인대 없이도 슬관절이 안정되도록 만드는 수술 기법이다. 이 방법은 고양이와 개에서 널리 사용되며, 특히 운동량이 많거나 체중이 큰 개에서 선호된다. TPLO는 경골의 골절선을 재구성하고 경골의 경사각을 평행하게 만들어 전십자인대 없이도 슬관절의 기능을 유지할 수 있도록 하는 방법이다.

• 수술 전 준비

수술 전 방사선 촬영을 통해 경골의 경사각을 측정하고, 수술 계획을 세운다. 마취 후 슬관절과 경골 부위를 소독하고, 수술에 필요한 정밀 기구들을 준비한다.

> **동물보건사 팁**
>
> TPLO 수술을 실시하기 전에 정확한 자세로 방사선 촬영을 실시하는 것이 필요하다. 동물보건사는 연습을 통해서 올바른 자세로 무릎방사선을 촬영하는 방법을 먼저 습득해야 한다. 가장 많이 사용되는 자세는 90-90 자세로 대퇴골과 경골이 직각을 이루고 다시 경골과 뒷발허리골이 직각을 이루는 자세를 만들어 촬영하는 방법이다.

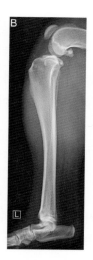

그림 5.21 TPLO 수술 전 검사를 위해서 90-90 자세로 촬영한 방사선 사진

출처: Ödman, S., Martenne-Duplan, A., Finck, M., Crumière, A., Goin, B., Buttin, P., ... & Julinder, K. (2024). Intra-Articular Surgical Reconstruction of a Canine Cranial Cruciate Ligament Using an Ultra-High-Molecular-Weight Polyethylene Ligament: Case Report with Six-Month Clinical Outcome. Veterinary Sciences, 11(8), 334.

• 경골 근위부 절단

피부를 절개하고 경골을 노출시킨다. 경골의 상단 부위를 절단하는데, 경골의 평면을 조정할 수 있도록 반원형으로 절단하는 것이 특징이다. 경골 절단 후, 남은 경골 부위를 회전시켜 경사각을 줄인다. 이 과정을 통해 전십자인대가 필요 없이 슬관절이 안정적으로 기능할 수 있다.

사용 기구: TPLO 전용 톱, TPLO 지그(TPLO Jig)

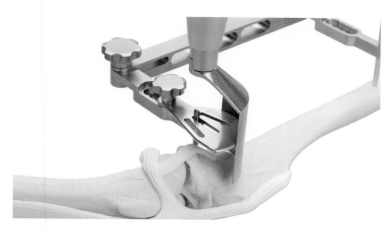

그림 5.22 TPLO 전용 톱과 지그

출처: https://www.jnjmedtech.com/en-US/jnj-animal-health/product/tplo-plate-implant

• 플레이트 고정

경골을 새로운 위치로 회전시킨 후, 금속 플레이트와 나사를 사용하여 경골을 고정한다. 이러한 고정은 절단된 뼈가 제대로 붙을 때까지 안정성을 제공하며, 슬관절의 기능을 되찾도록 돕는다. 나사와 플레이트는 견고하게 고정되어야 하며, 수술 후 뼈가 정상적으로 회복될 수 있도록 한다.

사용 기구: TPLO 전용 플레이트, TPLO 전용 나사, 전기 드릴

• 봉합 및 소독

경골 고정이 완료되면, 절개한 조직을 봉합하고 수술 부위를 소독한다. 수술 후 감염을 방지하기 위해 드레싱을 하고 항생제를 투여한다.

• 수술 후 관리 및 재활

관절낭외고정술과 TPLO 수술 모두 회복 기간 동안 통증 관리와 재활이 중요하다. 수술 후 몇 주 동안은 운동을 제한하고, 물리치료를 통해 관절의 움직임을 회복시킨다. 항생제와 진통제를 투여하며, 재활 과정에서는 점진적으로 운동량을 늘려야 한다.

관절낭외고정술은 간단하면서도 비교적 저렴한 방법으로, 소형견이나 노령견에서 많이 사용된다. 그러나 대형견이나 운동량이 많은 경우 이 방법이 충분하지 않을 수 있다. TPLO는 경골의 기하학적 구조를 바꾸어 관절을 안정화하는 보다 정교한 방법이다. 이 방법은 특히 체중이 많이 나가거나 활동적인 개에게 적합하며, 장기적인 결과가 매우 좋다.

동물보건사 팁

TPLO 수술은 특별한 기구가 필요한 수술이다. 동물보건사는 수술에 필요한 파워툴을 비롯하여 수술하는 다리의 크기와 방향(오른쪽, 왼쪽)에 맞는 전용 플레이트와 나사를 미리 준비해 두어야 한다.

수술 후 동물환자 간호

Postoperative Animal Patient Care

chapter 06

수술 후 동물환자 간호
Postoperative Animal Patient Care

> **□ 학습목표**
>
> ‣ 동물환자의 마취 후 각성상태를 확인하고 발관할 수 있다.
>
> ‣ 발관 후 동물환자의 간호관리를 할 수 있다.
>
> ‣ 통증 및 진통제에 대해 이해하고 수술동물환자 통증관리 및 모니터링을 할 수 있다.

회복 단계는 전신 호흡마취제 투여 중단으로 시작되며 발관 및 발관 후 최소 3시간이 포함된다. 수술 후 단계에는 환자가 지속적인 관리와 관찰이 필요한 모든 기간이 포함된다. 환자가 스스로 기도를 유지할 수 있을 때만 발관하는데 일반적으로 환자가 침을 삼키고 고개를 들 수 있을 때 발관하여야 한다. 기관튜브 커프의 공기는 환자가 삼킴 반사가 생길 때 제거한다. 회복 단계에서 발생하는 마취 사망의 대부분은 처음 3시간 동안 발생하게 되는데 이 단계에서는 지속적인 관찰이 권장되며, 적절한 진통제와 통증 평가를 제공하는 것이 중요하다. 통증 점수 평가 기법은 환자를 평가하는 데 도움이 된다(그림 6.2, 6.3).

01 동물환자의 각성 Awakening of Animal Patient

반려동물의 기관 튜브 제거, 즉 발관(extubation) 절차는 안전을 보장하기 위해 몇 가지 신중한 단계를 거쳐야 한다.

- 준비: 튜브를 제거하기 전에, 반려동물이 삼킴 반사가 돌아왔는지 확인한다. 이는 삼키

는 반사는 폐로 액체나 이물질이 들어가는 것을 방지하기 위한 안전한 절차 진행을 위한 중요한 확인절차이다.

• 커프 압력 제거: 대부분의 기관 튜브는 기관에 튜브를 고정시키는 팽창식 커프를 사용한다. 이 커프는 기관 내벽을 손상시키지 않도록 부드럽게 압력을 제거해야 한다.

• 튜브 제거: 튜브를 반려동물의 입이나 머리에 고정하는 테이프나 스트랩을 제거한다. 튜브를 부드럽고 조심스럽게 한 번에 빼내면서 반려동물이 숨을 내쉬거나 기침하도록 유도가 될 수 있도록 한다. 이는 튜브와 남아있는 이물질을 배출하는 데 도움이 된다. 단두종은 가능한 더 이상 삽관된 튜브로 인해 불편감을 참을 수 있을 때까지 유지해야 한다. 고양이는 민감한 후두로 인해 후두경련(laryngeal spasm)을 일으키기 쉬우므로 후두 감각이 완전히 돌아오기 전에 삽관을 제거해야 한다. 강한 안검 반사 또는 자발적인 사지와 머리 움직임(예: 귀를 펄럭이는 것)이 보통 고양이 환자를 삽관 제거할 때의 좋은 지표가 된다(Thoma & Lerche, 2017). 고양이의 경우 삽관 동안에 후두가 탈감각하게 되어 있으므로, 이는 삽관 제거 시 고려되어야 할 사항이다.

• 제거 후 모니터링: 튜브를 제거한 후, 발관 후에는 그림 6.1과 같이 베개나 말아 올린 수건을 사용하여 머리를 들어 앞으로 뻗은 상태로 흉골 누운 자세로 환자를 눕히는 것이 이상적이다. 혀를 앞으로 당기고 재갈(GAG)을 사용하여 코가 아닌 입을 통해 공기가 이동하도록 유도해야 할 수 있는데, 이는 비강 협착이 있는 단두종 회복환자에게 특히 중요하다. 고양이는 필수적으로 코로 숨을 쉬기 때문에 스트레스를 받거나 호흡 곤란이 없는 한 일반적으로 입으로 숨을 쉬지 않는다. 반려동물이 호흡 곤란, 과도한 기침 또는 비정상적인 호흡 소리와 같은 호흡 문제를 보이지 않는지 동물보건사는 주의 깊게 모니터링한다. 반려동물의 목은 아플 수 있으며 며칠 동안 약간의 기침을 할 수 있다.

• 편안함과 관리 제공: 반려동물에게 편안하고 조용한 환경을 제공하여 회복을 돕는다. 반려동물의 전체 상태를 주시하고 추가적인 관리가 필요할 경우 신속히 제공할 준비를 한다.

이 절차를 동물보건사가 실시할 때는 기도 폐색이나 기관 손상 등의 합병증을 피하기 위해 자격을 갖춘 수의사의 지도 아래 수행되어야 한다.

그림 6.1 붕대 롤을 사용하여 혀를 앞으로 내밀고 입을 벌리고 있는 단두종의 환자

02 각성 후 간호 Post-awakening Care

마취의 4단계에서 마취준비기, 마취유도기, 마취유지기 그리고 마취회복기 중 회복기는 유지 마취제(호흡가스 또는 주사제)가 중단되고, 환자가 의식을 회복하면서 시작된다. 소동물 수술 중 사망률에 대한 비밀 조사(The Confidential Enquiry into Perioperative Small Animal Fatalities, CEPSAF)(Brodbelt et al., 2008)는 마취 중 환자의 이환율과 사망률에 기여하는 위험 요소를 확인했고 이 연구는 수술 후 회복기가 가장 위험한 시기라는 것을 발견했으며, 이 기간 동안 개의 47%와 고양이의 61%가 폐사했다. 이 폐사 중 절반은 처음 세 시간 내에 발생하며, 지속적인 모니터링과 관찰을 통해 피할 수 있으며 회복기 동안 더 큰 환자 관리가 필요하다고 결론지었다.

개별 환자가 마취에서 회복하는 방식은 복합적인 요인이 있다. 기여 요인으로는 품종, 체중, 나이, 전신 질환, 동반 질환, 사용된 마취제, 수행된 절차, 그리고 절차 시간이 포함된다.

수술 후 동물환자 관리는 마지막 봉합을 하고 마취를 중단하면 시작되며 다음과 같다.

- 환자가 의식이 있을 때까지(고개를 들 수 있을 때까지) 방치해서는 안 된다.
- 단두종 환자는 일어설 수 있을 때까지 특히 세심한 주의를 필요로 한다.

- 회복 공간은 따뜻하게 유지되어야 한다. 대부분의 경우 20-24°C의 실내의 온도가 적절하다. 작고 미성숙한 환자의 회복을 위해 더 따뜻한 공간(예: 인큐베이터)을 제공해야 한다.
- 회복 공간은 석션 및 마취기와 같은 시설 및 장비에 쉽게 접근할 수 있어야 한다.
- 수의사가 처방한 수액 치료를 모니터링할 수 있도록 한다.

수의사의 요청에 따라 소변 배출량을 모니터링해야 한다. 환자의 통증 징후를 관찰하고 필요에 따라 진통제를 투여해야 한다. 출혈이나 기타 합병증의 징후가 있는지 주기적으로 상처를 살펴야 한다.

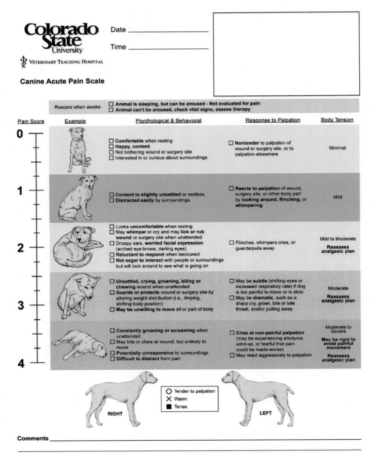

그림 6.2 임상 평가를 위한 개의 통증 척도

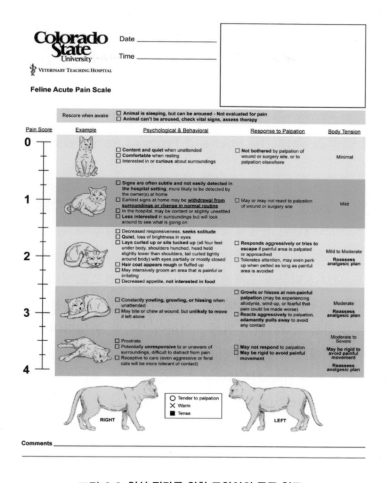

그림 6.3 임상 평가를 위한 고양이의 통증 척도

03 통증 관리 Pain Management

수술 후 통증을 정확하게 감지하고 정량화하는 데 어려움이 있다고 해서 효과적인 진통제를 투여하는 데 방해가 되어서는 안 된다. 개와 고양이에게 선제적 진통제를 사용하는 것은 이제 일반화되고 있으며, 수술 전후에 오피오이드와 비스테로이드성 항염증제(NSAID)가 널리 사용되고 있다. 수술 후 통증 평가는 Colorado state Univ.의 통증척도를 참고하면서 환자의 태도와 행동, 발성 정도(고양이보다 개가 더 심함), 쓰다듬기에 대한 반응 평가, 부드러운 핸들링, 상처와 그 주변 부위에 대한 매우 부드럽게 진찰하면서 주의 깊게 관찰하여 수행해야 한다. 환자가 먹고, 마시고, 움직이고, 직원과 상호작용하려는 의지도 모두 평가하여야 하는 유용한 변수이다. 다른 진통제를 투여하기 전에 이전 약물 투여 및 기타 병력을 확인해야 한다.

1 진통제의 역할과 종류 The Role and Types of Painkillers

소동물 환자의 진통에 사용되는 대부분의 약제는 오피오이드 또는 비스테로이드성 항염증제(NSAID) 계열에 속한다. 그러나 최근에는 N-메틸-디아스파르트산염(NMDA) 길항제, 국소 마취제, 알파-2 아드레날린 작용제 등도 진통제로 사용되고 있다. 전통적으로 오피오이드 진통제는 급성 통증을 치료하는 데 사용되어 왔고 NSAID는 만성 통증 관리에만 사용되어 왔다. 다행히도 새로운 약물과 오래된 약물의 새로운 제형으로 인해 이러한 약물 그룹의 잠재력이 확장되었고, 다양한 범주의 약물은 서로 다른 메커니즘을 통해 통증 처리에 영향을 미치므로 진통 효과를 극대화하기 위해 조합하여 사용할 수 있다(복합 진통제). 적절한 진통제를 선택하는 것 외에도 약물 투여 시기는 진통제의 효능에 영향을 미치기 때문에 중요하다. 초기 통증 자극 전에 진통제를 투여하면 수술 중 통증 조절이 최적화되고 수술 후 필요한 진통제의 양이 줄어든다(선제적 진통제).

2 오피오이드 진통제 Opioid Analgesics

오피오이드 진통제의 바람직한 효과와 바람직하지 않은 효과는 중추신경계 내 오피오이드 수용체의 활동에서 비롯된다. 현재 뮤, 델타, 카파라는 세 가지 주요 종류의 오피오이드 수용체가 알려져 있다. 이러한 수용체는 결합 특성, 기능적 활성 및 분포가 다르다. 예를 들어 뮤 수용체와 델타 수용체는 척수 위와 척수에 위치하는 반면, 카파 수용체는 주로 척수에 위치한다.

각 클래스 내에는 여러 하위 유형이 존재할 수 있다. 이러한 차이에도 불구하고 모든 오피오이드 수용체는 G 단백질과 결합하여 아데닐레이트 사이클라제(adenyl cyclase)를 억제하여 전압 게이트 칼슘 채널의 전도를 감소시키거나 칼륨 채널을 내부로 개방하여, 그 결과 신경세포 활동이 감소하고 신경전달물질 방출이 감소하며 시냅스 후 막이 과분극되어 활동 전위의 전파가 감소하게 된다.

오피오이드 수용체에 작용하는 약물은 작용제, 부분 작용제, 혼합 작용제/길항제 및 길항제로 분류된다.

- 작용제 약물은 뮤 수용체에 대한 높은 친화력과 고유 활성을 가지며 모르핀, 페티딘(메페리딘), 하이드로몰폰, 메타돈, 펜타닐, 수펜타닐, 알펜타닐, 레미펜타닐 및 코데인을 포함한다.
- 부분 작용제는 정의상 작용제만큼 부분적으로만 효과가 있는 약물로 부프레노르핀이 포함한다.
- 부토르파놀과 같은 혼합 작용제/길항제는 수용체 부위에서의 친화력과 고유 활성에 따라 일부 수용체에서는 작용제, 다른 수용체에서는 길항제로 작용한다. 혼합 작용제/길항제는 순수 뮤 작용제의 효과를 역전시킬 수 있으므로 뮤 수용체 효과를 역전시키는 것이 목적이 아니라면 뮤 작용제와 함께 투여해서는 안 된다.
- 길항제(예: 날록손 및 날메펜)는 높은 친화력과 낮은 고유 활성으로 인해 뮤 및 카파 작용제의 효과를 역전시킬 수 있다.

3 진통효과 Analgesic Effect

일반적으로 오피오이드는 날카로운 간헐적 통증보다는 지속적인 둔한 통증에 더 효과적인 것으로 간주된다. 그러나 뮤 작용제 오피오이드의 효과는 용량에 따라 다르며 사용 시 대부분의 통증 강도를 줄일 수 있다. 진통 효과는 빠르게 나타나지만 지속 시간은 비교적 짧다(12시간 미만). 오피오이드는 특히 통각에 작용하며 촉각, 압력 및 고유 수용성 감각은 대부분 영향을 받지 않는다. 따라서 효과를 최적화하려면 오피오이드 치료에 대한 환자의 반응을 지속적으로 평가하고 그에 따라 치료를 조정해야 한다. 다행히 오피오이드는 효과에 따라 적정화할 수 있고 치료 지수가 넓기 때문에 넓은 범위에서 안전하게 용량을 조절할 수 있다.

4 비스테로이드성 항염증제 Non-steroidal Anti-inflammatory Drugs

프로스타글란딘은 통증을 유발할 수 있는 자극에 대한 통각 수용체와 통각 뉴런의 민감도를 증가시킨다. 말초 조직에 프로스타글란딘 농도가 높으면 중추신경계 내 통각 자극 전달에 관여하는 경로에도 변화가 생기며 NSAID는 COX-2(cycloxygenase-2) 효소를 차단하고 말초 조직의 프로스타글란딘 및/또는 류코트리엔을 감소시키며 통증 처리 경로의 후속 변화를 최소화한다. NSAID는 또한 중추신경계 내에서 프로스타글란딘 합성을 억제할 수 있으며 비특이적 COX 및 COX-2 선택적 억제제는 모두 COX-2 효소를 차단하며 모두 효과적인 진통제/항염증제이다.

지난 10년 동안 급성 및 만성 통증 관리를 위한 NSAID의 사용은 독성이 덜한 새로운 약제의 도입으로 급격히 증가했다. 가역적이지는 않고 오피오이드보다 치료 지수가 훨씬 낮지만 몇 가지 장점이 있다.

- 긴 효과 지속 시간
- 항염증 특성
- 행동 수정 효과 없음
- 호흡기 및 심혈관계 부작용 없음
- 경구 제형으로 사용 가능
- 남용 가능성이 없어 규제가 없음

NSAID는 수술 후 통증, 염증성 질환, 골관절염, 골막염, 비대성 골다공증, 암으로 인한 통증 및 치아 통증에 사용되며 NSAID의 효능과 독성에는 종에 따라 현저한 차이가 있으므로 고양이 또는 개에게 적절한 약물과 용량을 선택하려면 상당한 주의를 기울여야 한다. 일부 NSAID는 처방전 없이 구입할 수 있으며, 보호자는 반려동물에게 NSAID를 투여했는지 여부를 확인해야 한다. 이러한 정보가 없으면 의도치 않게 NSAID를 과다 복용하는 경우가 발생할 수 있다.

표 6.1 수의학에서 사용되는 다양한 진통제와 그 용도

Category	Analgesic	Uses
NSAIDs (COX-2 selective)	Carprofen	Pain relief and inflammation control in dogs
NSAIDs (COX-2 selective)	Meloxicam	Pain and inflammation management in dogs and cats
NSAIDs (COX-2 selective)	Firocoxib	Pain and inflammation in dogs associated with osteoarthritis
Opioids	Butorphanol	Mild to moderate pain relief in dogs and cats
Opioids	Buprenorphine	Moderate to severe pain relief, commonly used in cats
Opioids	Morphine	Severe pain relief, often used in dogs
Opioids	Hydromorphone	Severe pain relief, used in both dogs and cats
Local Anesthetics	Lidocaine	Local anesthesia and post-surgery pain relief
Local Anesthetics	Bupivacaine	Longer-lasting local anesthesia compared to lidocaine
Alpha-2 Adrenergic Agonists	Dexmedetomidine	Sedation and analgesia, used in both dogs and cats
Alpha-2 Adrenergic Agonists	Medetomidine	Sedation and pain relief similar to dexmedetomidine
Adjunctive Analgesics	Gabapentin	Neuropathic pain and as an adjunct to other pain medications
Adjunctive Analgesics	Tramadol	Moderate to severe pain, acts on the central nervous system
Other Analgesics	Ketamine	Low doses for pain relief, especially in combination with other drugs
Corticosteroids	Prednisolone	Anti-inflammatory and immunosuppressive effects

동물환자가 퇴원할 수 있는 가장 이른 시기는 스스로 서서 걸을 수 있을 때이다. 또한, 퇴원 전에 수술 후 통증이 조절되어야 하며(필요한 경우 수의사가 경구 진통제를 처방할 수 있다), 즉각적인 수술 후 합병증이 발생할 가능성이 없어야 하며, 대부분의 환자는 오전에 선택 수술이 진행되면 당일에 퇴원하게 된다.

퇴원 시, 간호사는 보호자가 수의사가 결정한 수술 후 관리 지침을 받았는지 확인해야 하며, 수술 후 약물이나 처방전 및 특별 사료를 수령했는지 확인해야 한다. 동물을 보호자에게 돌려주기 전에 보호자와 만나서 수술 후 관리에 대해 이야기하는 것이 더 좋다.

일반적으로 보호자에게 수술 후 필요한 검사에 대해서도 안내해야 한다. 이러한 검사의 시기와 횟수는 동물병원의 규정과 절차에 따라 다르지만 다음을 포함할 수 있다.

- 퇴원 다음 날 전화 상담
- 환자의 전반적인 상태를 확인하고 보호자가 수술 후 관리 지침을 이해했는지 확인한다.
- 수술 후 초기 검사
- 수술 후 3-5일에 환자가 예상대로 회복되고 있는지 확인한다(예: 정상적인 식욕 회복, 수술받은 다리의 체중 부하).
- 일반적으로 이 시점에 수술 부위를 덮고 있는 드레싱을 제거하고 상처를 검사한다.
- 부종이 최소화되고, 분비물이 없으며 국소 염증이 거의 없어야 한다.
- 사지의 붕대를 교체할 수 있다.
- 이 검사는 종종 간호사가 수행하며, 문제가 있는 경우 수의사와 상담해야 한다.
- 표준 수술 후 검사/피부 봉합사 제거
- 일반적인 수술 후 10일에 환자를 재검사하고 피부 봉합사를 제거한다.
- 이 시점에서 상처 가장자리는 단단히 붙어 있어야 하며, 상처 분비물이 없고 국소 염증이 최소화되어야 한다.
- 이 검사는 또한 종종 동물보건사가 수행한다.

창상관리 및 붕대법
Wound Care and Bandaging

창상관리 및 붕대법
Wound Care and Bandaging

---

01 창상관리 Wound Care

1 창상의 개요 Introduction of Wounds

창상, 화상, 골절은 모두 응급상황에서도 볼 수 있는 일반적인 창상 형태이다. 창상은 신체 또는 장기의 정상적인 연속성과 온전성을 훼손하는 손상이며, 피부 또는 조직을 포함한다. 동물보건사는 응급 및 중증동물환자에 대한 신속한 인식, 평가 및 치료보조로 잠재적인 합병증을 억제시키고 예방할 수 있으므로 상처 관리 및 골절 관리에 대한 탄탄한 이해를 가져야 한다. 창상관리는 창상의 초기 평가를 기반으로 하여 다양한 창상 치료, 드레싱 및 붕대법을 이용하여 창상 치유 과정을 도울 수 있다. 따라서 창상에 대한 병태생리학, 진단 및 치료 접근법에 대한 철저한 이해는 동물보건사가 이러한 환자의 신속한 평가 및 치료준비를 도울 수 있도록 할 것이다.

2 창상의 해부학 및 병태생리학 Anatomy and Pathophysiology of Wounds

(1) 외피계 해부(Integumentary System)

외피계는 다양한 종류의 손상으로부터 신체를 보호하고(예: 열, 추위, 화학적 손상 등) 외부로의 손실(예: 내부 수분 손실)을 방지하는 신체의 외부 장기 시스템이다. 피부 및 개와 고양이의 경우 털과 손톱을 포함한 피부의 부속물로 구성되어 있다. 피부의 가장 바깥층은 표피로 알려져 있다. 이 층은 정상적인 상황에서 외부 환경과 직접적으로 접촉한다. 이 층 아래에는 피지선, 혈관, 털세움근 및 모낭을 포함하는 진피가 있다.

피하 조직공간에는 피하 조직, 지방 및 신경과 함께 정맥 및 동맥과 같은 잠재적으로 큰 혈관을 포함하는 피하 조직이 있다. 피하 조직층 아래에는 근육 및 뼈가 있다(그림 7.1).

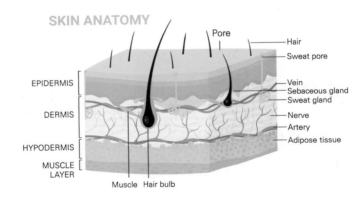

그림 7.1 외피계 단면 모식도

(2) 창상 치유의 병태생리학(Pathophysiology of Wound Healing)

창상 치유에서 궁극적인 목표는 손상된 조직이 폐쇄되고 육아조직으로 채워지도록 하고 감염과 괴사를 최소화하거나 예방하는 것이다. 창상 치유에는 네 가지 알려진 단계가 있으며, 조직 손상 직후 즉각적인 염증반응이 시작된다.

- 염증기
- 이물제거기
- 복구기(증식기)
- 성숙기

염증기는 보호 조직 반응으로 간주되며 발열, 발적, 부종, 통증, 기능소실의 5가지 징후가 초래된다. 즉, 일단 손상이 발생하면 혈액이 빠르게 상처를 채우고, 이는 표면 세균을 제거하는 데 도움이 될 수 있으며 아마도 신체가 상처를 치료하려고 시도하는 첫 번째 방법이 피부의 해부학적 구조다. 내피 손상 후 조직 인자(인자 III)의 활성화는 혈액 응고에도 도움이 되며, 혈소판 응집과 더불어 혈관 수축 또한 과도한 출혈을 예방하기 위해 발생한다. 일단 출혈이 느려지거나 멈추면, 이 혈관 수축은 그다음에 피프리노젠과 응고 인자가 상처로 누출될 수 있도록 하는 혈관 확장이 뒤따르게 된다. 응고물이 응고되면서 상처 가장자리가 함께 붙기 시작하며 응고물이 건조해지기 시작하면서 상처의 하부 조직을 더 이상의 탈수, 오염, 출혈로부터 보호하는 데 도움이 되는 딱지가 형성된다. 상처 근처의 혈관이 여전히 혈관 확장되어 있기 때문에 백혈구와 내피 세포가 상처로 들어갈 수 있다. 이러한 세포 외에도 히스타민, 단백질 분해 효소, 프로스타글란딘, 사이토카인, 류코트리엔, 세로토닌과 같은 염증 매개 물질도 상처로 누출되어 최대 5일까지 지속될 수 있는 국소적인 염증 반응을 유발하게 된다. 상처에 들어가는 백혈구는 이물제거기의 시작을 나타낸다.

손상 후 처음 6-12시간 이내에 이물제거기가 시작된다. 상처로 처음 이동하는 호중구가 출현하게 된다. 소량의 손상된 조직을 포함하여 이물질과 잔해를 제거하여 감염 가능성을 최소화하는 데 도움이 되며 호중구가 퇴화하기 시작하면 단핵구의 유주를 유도하는 효소를 방출한다.

이 단핵구는 대식세포로 발전하여 콜라게나제의 분비로 이물질뿐만 아니라 괴사된 조직과 병원균의 제거를 더욱 돕게 된다. 손상 후 처음 3-5일 동안 발생하는 이 기간 동안 염증기와 이물제거기 단계가 겹치게 된다. 신체는 또한 복구기로 진행되기 위한 모든 세포를 축적하게 된다. 더 많은 대식세포가 상처에 유입되면 증식기의 유도를 위한 인자가 이용된다.

때때로 복구기라고 불리는 증식기는 손상 후 3-5일 후에 발생하며 이 단계의 주요 과정은 혈관 신생, 콜라겐 침착 증가, 육아조직 형성, 상피화 및 상처 수축, 신생 혈관을 생성하는 과정을 포함한다. 대식세포가 콜라게나제를 분비하면서 또한 육아조직을 형성하는 데 도움을 주는 사이토카인과 성장 인자를 분비한다.

이러한 대식세포는 상처 내 신생 혈관 형성을 돕는 섬유아세포 증식 신호를 보낸다. 섬유아세포는 또한 육아조직이 더 섬유화되도록 돕는 콜라겐, 엘라스틴 및 프로테오글리칸의 생성을 자극하여 창상 강도를 증가시킬 수 있다. 창상회복이 절정에 달하면 섬유아세포 증식이 중단되고 콜라겐 합성이 감소하기 시작하며 이것은 회복 단계의 끝을 나타낸다.

섬유아세포 증식이 끝나면 기존 혈관에서 신생 혈관이 계속 발생하기 때문에 모세혈관이 창상으로 들어가 채우기 시작한다. 발달한 육아조직 외에도 지속적인 혈관 신생으로 인해 상피화가 일어나기 시작하여 새로운 피부층이 형성되어 상처를 치유하게 된다. 총 복구기는 완료하는 데 최대 몇 주가 걸릴 수 있다.

마지막으로, 창상치유의 증식기 이후 성숙기로 진행하고 이 단계는 완전히 완료되기까지 수년이 걸릴 수 있다. 성숙기에서는 상처 부위 주변에 콜라겐이 침착되고 상처가 수축되기 시작하면서 재구성되어 창상의 크기가 줄어들게 된다.

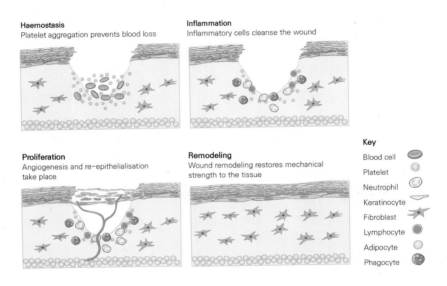

그림 7.2 창상치유단계별로 참여하는 세포들

3 창상의 분류 Wound Classification

(1) 오염 정도에 따른 분류(Classification by Level of Contamination)

- I단계(신선창): 수술 절개와 같은 깨끗한 상태에서 발생한 상처이며, 이러한 상처는 추가 오염물이 작용하는 호흡기 또는 위장관과 관련이 없으며 염증이나 감염의 징후를 보이지 않는다. 이러한 유형의 창상은 가장 적은 병원성 오염을 가지고 있으며 일반적으로 항생제 치료를 필요로 하지 않는다.
- II단계(신선-오염창): 감염될 수 있는 환경에 노출되었지만 겉으로 보이는 명확한 감염 증상은 없는 깨끗한 창상을 의미한다. 일반적인 깨끗한 창상에 비해 감염 위험이 높은 상태이며, 동물환자 자신의 체액으로 인한 외과적 오염이 이 분류의 가장 일반적인 원

인이다. 이것들은 호흡기 또는 위장관과 관련된 수술 창상을 포함할 수 있다. 예를 들어 소장의 절제 및 문합, 위 절제술 또는 심지어 단순한 장절개술을 포함할 수 있다.

- Ⅲ단계(오염창): 이 유형의 창상은 응급에서 나타나는 급성 손상에서 가장 흔하게 볼 수 있다. 외부 물체가 상처에 접촉하여 높은 수준의 오염이 포함되어 있다. 예로는 총상(총탄이 몸을 통과한 곳), 찌르거나 구멍이 난 상처가 포함되며, 이러한 창상은 침, 흙 및 기타 먼지로 오염될 수 있다. 이러한 창상은 또한 염증을 포함할 수 있다.
- Ⅳ단계(감염창): 돌, 총알 또는 기타 잔해와 같은 이물질을 보유하고 있거나 감염 또는 농양의 명백한 징후를 포함하는 상처가 된다.

(2) 형태, 크기, 깊이에 따른 분류(Classification by Shape, Size, and Depth)

- 찰과상: 이것은 진피 노출과 함께 표피의 부분개방창이다. 이 유형의 상처는 일반적으로 최소한의 창상이나 오염을 가지고 있으며 일반적으로 2기 유합을 통해 치유된다.
- 열상: 찢김으로 인한 개방된 불규칙적인 창상으로, 표층과 아래 구조를 포함할 수 있다. 이들은 날카로운 가장자리를 포함하고 있으며 일반적으로 최소한의 조직 창상을 초래하게 된다. 이 손상은 가장 일반적으로 1기 유합을 통해 치료된다.
- 결출: 조직이 찢어져 생긴 개방된 손상으로, 아래 구조에서부터 찢긴다. 심한 유형의 결출창상에는 피부의 전체가 아래 구조와 혈관에서부터 찢겨 벗겨지는 창상이 포함된다.
- 천공: 일반적으로 날카로운 물체 또는 물린 곳에 의해 발생하는 개방되고 관통된 상처이다. 이러한 창상은 표면에 최소한의 손상을 가지고 작은 개방으로 나타날 수 있지만, 심층 조직 및 아래 구조에 광범위한 손상이 있을 수 있다. 항상 무균적으로 탐색하여 죽은 공간과 아래 구조의 손상을 찾아야 한다. 아래 구조에 손상이 있는 천공은 오염과 후속 감염의 더 큰 위험을 나타낼 수 있으며 수술적으로 탐색해야 한다. 일부 천공은 1기 유합으로 인해 이익을 얻을 수 있지만 동물에게 물린 상처는 일반적으로 개방된 상태로 2기 유합에 의해 배농되고 치유된다.
- 화상: 이것은 조직에 대한 열 손상으로 인한 개방창의 한 종류이다. 화상은 영향을 받은 조직의 심각도와 층에 따라 분류가 되어 있다.
- 타박상: 피부를 뚫고 나오지는 않지만 아래 조직과 모세혈관에 손상을 주어 피부 밑에 출혈과 멍을 일으킬 수 있는 비개방 창상이다. 이것은 보통 둔기 창상이며 타박상은 어떤 조직에서도 발생할 수 있고 폐나 심장의 타박상이 둔기 창상에서 드물지 않다.
- 압박 손상: 이것은 시간이 지남에 따라 조직에 가해지는 강제적인 압력으로 인해 발생

하는 또 다른 유형의 비개방 창상이다. 혈관을 압박하면 순환이 감소하고 이 부위에 산소가 공급 차단된다. 이것이 표층 조직의 열린 상처를 초래하지 않을 수 있지만, 아래 조직과 혈관이 손상될 수 있으며, 일단 압축이 그 부위에서 제거되면, 순환이 돌아올 때 허혈성 재관류 손상과 전해질 이상이 발생할 수 있다.

4 창상 평가 및 관리 Assessing and Managing Wounds, BSAVA 기준

창상 평가 및 초기 창상관리를 철저히 수행하는 것은 최적의 치유를 위해 중요하며 감염이나 추가적인 합병증 위험을 최소화하는 데 도움이 된다. 창상 평가 및 관리에 관련된 주요 단계는 다음과 같다.

(1) 창상의 위치 평가(Assessing the Location of the Wound)

동물환자의 몸에 있는 상처 부위는 상처 관리의 여러 측면에 영향을 미치게 된다. 예를 들어,

- 신체 구멍, 눈꺼풀 또는 귀와 같은 구조물에 가까운 상처는 구조물의 왜곡을 방지하기 위해 부적절한 상처 수축을 최소화하도록 관리해야 한다.
- 항문, 음경꺼풀 또는 외음부에 가까운 상처는 구조물의 기능을 방해하거나 대변 또는 소변으로 오염되지 않도록 특정 드레싱 및 붕대 고정 요건을 갖는다.
- 앞, 뒷다리 같은 신체의 다른 움직임이 많은 부위에 상처가 난 경우에는 상처 치유의 방해를 막기 위해 부목이나 붕대를 감는 등의 조치가 필요하다.
- 피부가 헐거워진 부위, 잠재적인 해부학적 사강(액체 또는 가스를 포함하는 상처 조직 내 비정상적인 공간) 또는 사지에 있는 상처는 체액의 축적에 취약하며 압력 붕대 또는 배액과 같은 체액 관리 기술이 필요하다.
- 쉽게 핥거나 긁는 상처는 엘리자베스 칼라 사용과 같이 환자의 접촉을 방지하기 위한 조치가 필요하다.

(2) 상처의 분류와 형태 결정(Classifying and Determining Wound Morphology)

상처의 원인은 다양하고, 수많은 원인에 의해 발생한다. 열상, 천공, 찰과상, 궤양뿐만 아니라 손상의 범위 그리고, 가능한 원인도 확인하여 상처 관리와 관련된 특징을 예측할 수 있다. 상처 유형의 평가에는 부상으로 손상되거나 위험에 처한 조직 및 구조의 식별이 포함된다. 관절과 같은 손상된 구조물을 치료하거나 손상 또는 침범 위험이 있는 구조물을 감염

으로부터 보호하기 위한 특별 조치를 취할 수 있다.

- 피부침범(부분 혹은 전층 손상)
- 근육침범
- 신경과 주요한 혈관
- 건과 건초
- 뼈와 관절
- 장기

- 감염: 증가된 삼출물, 상처 표면 생물막, 변색 및 악취는 세균 감염의 징후이다. 이러한 것들이 있는 경우 세척, 괴사 제거 및 국소 및 전신 항균 치료 사용을 통해 세균 부하를 제거하거나 줄이는 조치를 계획한다.
- 오염: 상처에 이물질(예: 머리카락, 흙, 모래 및 나무)이 있으면 감염의 저장소 및 지속적인 염증의 초점으로 작용한다. 존재하는 경우 상처 탐색 및 세척, 제거 및 드레싱 기술을 통해 이물질 및 오염물질을 모두 제거하는 조치를 계획해야 한다. 상처의 오염 정도를 평가하는 것은 상처를 언제 닫힐지 결정하는 과정에서 중요한 기준이 된다. 상처를 봉합하기 전에 상처에 오염이 없거나 임상적으로 미미한 수준의 오염이 있는 것이 중요하다.
- 염증: 손상의 초기 창상, 감염, 오염 및 괴사 물질은 모두 국소 염증을 유발한다. 이러한 지속적인 염증의 원인을 제거하기 위한 조치를 계획하고 수행해야 한다. 과도한 체액을 제거하기 위한 배액과 관련된 통증을 관리하기 위한 진통제와 같은 염증의 국소적인 영향을 관리하기 위한 조치를 취해야 한다.
- 조직 생존력: 괴사하거나 생존할 수 없는 손상된 조직은 기능을 상실하고 감염과 염증을 촉진하므로 정상적인 상처 치유를 위해 제거해야 한다. 조직은 압박과 같은 물리적 창상, 감염 또는 혈액 공급 장애 때문에 생존할 수 없게 되어 조직이 죽게 될 수 있다. 손상 후 상당 기간 동안 생존 불가능한 모든 조직을 식별하는 것이 불가능할 수 있으며, 혈액 공급 중단으로 인한 조직 괴사는 검사를 통해 완전히 식별하는 데 며칠이 걸릴 수 있다는 점을 기억해야 한다. 감염과 염증이 조절될 때까지 추가적인 조직 괴사는 계속 진행된다. 수술 및 드레싱을 이용한 괴사조직제거술은 생존 불가능한 조직과 괴사 물질을 제거하여 치유가 가능한 건강하고 혈관이 잘 형성된 상처 조직을 남기는 데 사용된다.

- 체액 균형: 상처 조직 내 과도한 수분은 지속적인 염증과 감염 가능성을 나타내며, 부종, 통증, 조직 괴사를 유발하고 감염을 촉진한다. 흡수성 드레싱과 마찬가지로 수동 및 능동 배액 기술을 사용하여 과도한 체액의 위험을 관리할 수 있다.

  상처의 탈수 및 건조 또한 똑같이 상처를 손상시켜 치유를 지연시키고 감염을 촉진한다. 적절한 상처 드레싱 기법을 통해 최적의 상처 수분 공급을 달성할 수 있다.

- 산소 공급: 상처 치유와 상피화는 높은 조직 산소 장력에 의해 촉진한다. 괴사 조직과 파편을 제거하면 상처가 혐기성 박테리아가 서식할 위험이 있는 혐기성(저산소) 환경에서 치유를 촉진하는 높은 수준의 산소 공급 환경으로 바뀐다.

  괴사조직제거와 산소 투과 가능한 드레싱의 사용은 적절한 상처 산소 공급을 유지하는 데 도움이 된다.

- 조직 움직임: 움직일 수 있는 신체 부위의 상처 또는 상처 가장자리가 국소적인 긴장과 방해가 되는 힘을 받는 유형의 상처는 치유와 회복을 위해 안정화 및 고정이 필요하다. 봉합사나 스테이플을 사용하여 상처를 봉합하면 상처 가장자리를 안정적으로 붙일 수 있다. 붕대 및 부목 기법은 고정에 사용되는 방법이다(뒷부분 참조).

- 적절한 의료 치료 제공: 상처 치유와 환자의 편안함을 지원하기 위해 필요한 경우 진통제, 항생제 또는 기타 약물을 사용한다.

  창상을 추가로 오염시키지 않도록 항상 장갑을 착용하고 필요한 예방 조치를 취해야 한다. 과도한 출혈이나 호흡 곤란과 같은 생명을 위협하는 상태를 안정화시키고 추가적인 상처 관리를 진행하기 전에 환자 치료를 우선시해야 한다. 담당 의료진과의 효과적인 의사소통은 적절하고 적시에 치료를 보장하는 데 중요하다.

5 창상 봉합 Suturing Wounds

창상의 봉합은 피부 결손을 제거하고 피부의 연속성을 회복하는 것이다. 창상의 봉합 시기와 방법에 대한 임상의의 결정은 창상의 평가를 기반으로 한다. 두 가지 주요 창상의 요인이 봉합하기에 적합한 시기를 결정한다.

- 상처 오염 수준
- 상처 조직의 생존 가능성

창상의 오염이 없고 창상 조직이 건강하고 생존 가능한 상태라면 창상을 봉합할 수 있다. 생존할 수 없는 조직은 며칠이 걸릴 수 있으며, 건강한 생존 조직만 남을 때까지 여러 단계의 괴사조직제거 과정이 필요할 수 있다는 점을 기억해야 한다. 오염과 생존 불가능한 조직이 제거되기 전에 창상을 봉합하기보다는 열린 창상관리 기간을 연장하는 것이 좋으며, 두 가지 모두 존재할 경우 상처 합병증과 잠재적 파괴로 이어질 수 있다.

창상 평가 과정의 결과에 따라 임상의가 창상 봉합을 위해 선택할 수 있는 네 가지 옵션이 있다.

- 일차 봉합: 피부 긴장이 없을 때 피부 가장자리를 즉시 봉합한다. 이 방법은 깨끗한 상처 (수술 절개부)나 오염된 상처를 즉시 세척 및 제거한 후 깨끗하게 봉합하는 데 적합하다.

- 지연된 일차 봉합: 창상 후 2~5일 후에 시행하는 피부 가장자리 봉합이다. 지연된 일차 봉합은 조직의 생존력이나 피부 장력이 불확실한 경우로 오염창이 깨끗하거나 혹은 오염된 창상에 적용될 수 있다. 단, 봉합은 세척, 박리 및 드레싱을 기반으로 한 개방형 상처 관리 기간 후에 이루어진다.

- 2차 봉합: 5일 이상의 개방형 상처 관리 후 시행하는 피부 가장자리 봉합이다. 이는 오염, 괴사 조직 및 감염을 제거하기 위해 개방형 창상관리가 필요한 오염되거나 더러운 창상의 관리에 적합하며 건강한 육아조직의 존재를 기반으로 한다.

- 2기 유합: 외과적 봉합이 불가능하거나 필요한 경우 과립화, 수축, 상피화를 통해 창상을 치유하는 것이다. 이 방법은 아주 작은 창상, 사지의 창상 또는 주변 피부가 풍부한 큰 창상에 적합하다. 이 접근법을 사용하려면 재상피화가 완료될 때까지 개방형 상처 관리 기법을 적용해야 한다.

6 창상관리법 Window Management

(1) 폐쇄 창상관리법(Closed Wound Management)

창상의 피부 가장자리는 세 가지 주요 기법을 통해 안정적으로 붙일 수 있다.

- 봉합: 이 일반적이고 효과적인 피부 부착 방법에는 다양한 봉합 재료와 봉합 패턴이 사용된다.

- 스테이플링: 수술용 스테이플 건으로 수술용 스테이플을 적용하는 것은 빠르고 효과적인 피부 부착 방법이지만 봉합에 비해 비용이 더 많이 드는 방법이다.

- 조직 접착제: 넥사본드 리퀴드 및 벳본드(3M)와 같은 시아노아크릴레이트 접착제는 특정 상황에서 피부 부착을 위해 사용할 수 있다.

사람 의학에서 작은 상처를 봉합하는 데 사용되는 접착테이프는 접착력이 좋지 않아 동물환자에게 성공적으로 사용되는 경우가 드물다.

(2) 개방 창상관리법(Opened Wound Management)

개방성 상처 관리는 상처를 봉합할 수 있는 상태로 전환하는 과정이다. 개방성 상처 관리의 목표는 다음과 같다.

- 오염과 감염을 제거
- 상처를 오염 및 감염으로부터 보호
- 모든 괴사 및 소실된 조직을 제거
- 상처 수분 공급 및 산소 공급과 같은 요소 측면에서 건강한 상처 치유 환경을 조성하고 유지

• 창상 세척(Cleaning Wounds)

상처 세척의 목적은 상처의 세균의 양을 줄이고 이물질을 제거하는 것이다. 창상 세척의 효과는 사용된 수액의 양에 정비례하는 것으로 나타났으며, 이는 (살균 작용보다는) 오염 물질의 물리적 제거와 희석이 효과적인 창상 세척의 핵심 요소임을 나타낸다.

창상 세척은 적절한 액체로 상처를 씻어내는 방식으로 이루어진다.

- 하트만 용액과 락트산 링거 용액은 멸균, 등장성, 완충 작용, 세포 독성이 없으므로 이상적인 세척제이다.
- 생리식염수(0.9% NaCl 용액)와 수돗물은 모두 가벼운 세포 독성 효과가 있으므로 상처 세척에 사용할 수 있는 용액이 아니다.

심한 상처 감염이 있는 경우 세척액에 소독제를 첨가할 수 있는데, 0.05% 농도로 희석한 클로르헥시딘(40분의 1 희석)이 가장 효과적인 소독제이다. 포비돈 요오드는 잔류 항균 활성이 제한적이고 파편, 고름, 혈액에 의해 빠르게 비활성화되기 때문에 클로르헥시딘보다 덜 효과적인 것으로 간주된다. 차아염소산수, 과산화수소, 세트리마이드/클로르헥시딘은 모두 숙주 세포에 자극성이 있고 독성이 강하므로 상처 세척에 금기이다.

초기 창상 세척은 열린 수액 백에서 용액을 상처 위로 흐르게 하여 이루어질 수 있다. 그런 다음, 18게이지 바늘이 달린 20㎖ 또는 30㎖ 주사기를 쓰리웨이 탭으로 수액 백에 연결하고 세트를 사용하여 이물질을 제거할 수 있는 충분한 압력으로 상처를 씻어내면 보다 적극적인 세척을 할 수 있다. 상처 세척은 멸균 절차로 수행해야 하며, 환자의 젖음을 최소화

하기 위해 적절한 조치를 취해야 한다.

• **창상 체액 관리(Wound Fluid Management)**

혈액, 혈청 및 삼출물이 축적되는 것은 치유 중인 상처의 일반적인 특징이다. 이러한 체액은 상처 치유를 늦추고, 조직을 괴사시키며, 세균의 감염을 촉진하고, 조직의 압력과 팽창을 통해 통증을 유발하게 된다. 표재성 창상 시 삼출액이 생성되고 배출되며, 깊은 상처는 죽은 공간에 삼출액이 축적된다. 창상의 체액은 다음과 같이 관리되어야 한다.

- 올바른 상처 관리를 통해 체액 생성을 최소화하여야 한다. 출혈, 염증, 오염 및 감염을 제거하거나 조절하면 체액 생성의 근본적인 원인을 제거할 수 있다.
- 죽은 공간의 제거 또는 감소를 통해 체액 축적을 방지하며 이는 수술 기법, 능동 배액 시스템에서 생성되는 음압 또는 압박 붕대를 통해 달성할 수 있다. 죽은 공간이 제거될 때까지는 배액을 통해 축적된 상처액을 관리해야 한다.
- 창상 드레싱의 흡수성 접촉(1차)층을 적절히 선택하여 생성된 체액을 흡수한다.

• **수술 창상용 배액 장치(Drainage Devices for Surgical Wounds)**

수술용 배액은 상처에서 체액을 제거하기 위한 메커니즘을 제공하는 임시 이식 장치이다.

그림 7.3 수술 후 배액관을 통해 체액과 혈액이 수집된 모습

그 목적은 상처 내에 체액이 축적되는 것을 방지하는 것이다. 피할 수 없이 체액이 축적되어 정상적인 상처 치유에 해로운 영향을 미칠 수 있는 모든 상처에 배액 장치를 사용해야 한다. 수동배액으로는 펜로즈 드레인(penrose drain)이, 음압을 이용하는 능동배액으로는 잭슨프랫 드레인(Jackson -Pratt drain)이 대표적인 배액법으로 사용되고 있다.

- 수술 후 모든 배액 관리에는 무균이 되도록 한다.
- 상처 주변의 털, 특히 상처 영역의 털을 많이 정리한다.
- 석유 젤리를 사용하여 배액 주변에 연결된 피부가 괴사되지 않도록 보호한다.
- 노출된 배액관을 포비돈 요오드와 같은 소독액으로 매일 두 번 세척한다.
- 기능을 유지하기 위해 필요한 만큼 자주 활성 석션기를 비우고 교체한다.
- 멸균 드레싱과 가벼운 붕대로 덮고, 상처액이 외부 드레싱층(격자)으로 침투하는 것을 방지하고 무균 상태를 유지하기 위해 필요한 만큼 자주 교체한다.
- 동물환자가 배액을 훼손하지 않도록 한다.
- 배액관은 배액이 거의 멈출 때까지 보통 2~5일 정도 필요하며, 더 이상 유지되지 않도록 한다. 배액관 자체에 대한 조직 반응으로 인해 배액관이 있는 상처에서는 항상 약간의 체액이 생성되며 배액관을 삽입한 시간이 길어질수록 합병증의 위험은 증가한다.

배액관 사용의 합병증은 다음과 같다.
• 창상 감염
• 창상 박리
• 창상에서 조기 손실 또는 제거
• 배액 실패
• 자극 및 통증
• 배액관 봉와직염

02 붕대법 Bandage Methods

붕대는 환자 신체의 일부를 감싸거나 묶는 데 사용되는 스트립 또는 롤 형태의 재료이다. 붕대는 드레싱/붕대 시스템의 외부층을 형성하며, 이를 패딩, 밀착 및 보호층이라 한다. 붕대는 다양한 용도로 사용되며 다양한 임상 상황에서 여러 가지 목적을 달성하는 데 사용된다.

1 일반적인 붕대법의 규칙 General Rules of Bandaging

- 시작하기 전에 항상 재료와 장비를 준비한다.
- 손을 씻고 말린다.
- 환자에게 적합한 크기의 재료를 사용한다.
- 동물 수술 및 소음으로부터 멀리 떨어진 조용한 장소에서 붕대를 진행한다.
- 선택한 수술실은 동물환자의 탈출을 방지할 수 있는 안전한 곳이어야 한다.
- 보조자가 동물환자를 적절히 제지하도록 한다.
- 적절한 드레싱을 사용하여 상처를 먼저 드레싱한다.
- 발가락 사이에는 소량의 패딩만 사용한다.
- 혈액 순환을 방해하지 않도록 원위부에서 근위부 방향으로 붕대를 감는다.
- 붕대의 평평한 끝이 환자에게 닿도록 한다.

환자의 피부와 붕대 사이에 손가락을 넣어 장력을 평가하여 붕대가 너무 꽉 조여지지 않았는지(또는 안 조여졌는지) 확인하고, 붕대가 환자 신체의 다른 부위를 방해하지 않는지, 머리카락이 붕대 층에 걸리지 않는지 확인한다.

2 귀와 머리의 붕대 Bandages on the Ears and Head

• 적응증

응급 붕대의 가장 일반적인 사용처는 철조망의 조각에 의한 귓바퀴에 열상을 입은 사냥개/작업견이다. 개는 본능적으로 귀 열상의 자극을 없애기 위해 머리를 흔들게 되고 머리를 흔들면 귓바퀴가 더 자극을 받아 상처를 입고 주변으로 피가 튈 수 있으며, 지혈을 위한 시간을 보장받지 못하게 된다. 응급처치로 귀 또는 머리의 붕대는 다친 귓바퀴 혹은 머리에 고정하여 귓바퀴와 머리 주위의 추가 부상을 방지하고 주변으로 피가 튀는 것을 방지하기 위해 사용된다.

- 귓바퀴의 출혈을 조절하기 위한 우선 처치법
- 귀의 수술 후 지지대

• 장비

- 리스터 붕대 가위

- 마커 펜
- 상처 드레싱
- 합성 패딩 재료
- 적합 재료
- 보호 재료

• 테크닉

1. Cover any wounds with an appropriate sterile dressing.

2. Place padding on top of cranium. Pick up ear by tip of pinna and lay flat back on padding; repeat if including both ears. Place padding on top of pinna.

3. Place padding under neck. Wrap conforming layer in a figure-of-eight pattern until the area is covered, using the free ear for additional anchorage.

4. Cover the bandage with a cohesive layer following a similar pattern.

5. Use marker pen to indicate on the outer layer the position of the pinna. Make sure that the bandage does not interfere with swallowing or breathing.

그림 7.4 개의 귀와 머리 부상에 대한 붕대 감는 방법

3 흉부, 복부, 골반의 붕대법 Bandaging of the Chest, Abdomen and Pelvis

흉부 및 복부 붕대는 흉부 및 복부 부위의 상처 또는 흉부 및 복부의 척추 부위 상처를 덮는 데 사용된다(그림 7.5, 7.6 참고). 이러한 상처는 봉합된 상처 또는 개방성 상처일 수 있다. 봉합된 상처의 경우, 붕대는 동물에 의한 오염과 접촉으로부터 해당 부위를 보호한다. 개방성 상처에 붕대를 감을 때, 붕대는 상처를 보호할 뿐만 아니라 1차 붕대 층이 상처 치유 과정에 자극 효과를 제공할 수 있으며 이 붕대는 화상 상처와 같은 흉부 및 복부 부위의 큰 상처에 특히 유용하다.

또한, 흉부 및 복부 붕대는 알루미늄 부목을 이용하여 측면 보조기로 사용하기도 한다. 이렇게 하면 개가 부목을 더 편안하게 사용할 수 있다.

골반 둘레 붕대는 골반 부위의 상처나 꼬리 요추 및 천골 부위의 상처를 감싸는 데 사용된다(그림 7.7 참고). 이러한 붕대는 봉합된 상처 또는 개방된 상처에 적용한다. 개방성 상처에 붕대를 감을 때, 1차 붕대 층은 상처 치유 과정에 자극 효과(stimulating effect)를 제공할 수 있다. 이 붕대는 화상 상처와 같이 골반이나 꼬리 척추 부위의 큰 상처에 특히 유용하다.

척추 외상을 입은 개는 쉬프-쉐링턴 자세(Schiff-Sherrington)를 취할 수 있다. 이 자세는 앞다리를 뻗어 개의 앞다리를 지탱하고 골반 사지가 개 아래로 앞으로 뻗은 채로 앉은 자세이다. 따라서 개의 체중은 좌골 결절에 실리게 되어, 좌골부에 염증, 궤양, 괴사로 이어질 수 있다. 골반 부위로 이어진 측면 부목을 사용하면 부목의 끝부분에 압력이 가해져 좌골결절 주위 피부에 압박되지 않고 사타구니 궤양 형성을 방지할 수 있다(그림 7.8 참고).

(1) 흉부 붕대법(Chest Bandaging)

• 적응증
- 흉부 창상 시 우선 처치법
- 흉부 배액 장치를 제자리에 고정하기
- 수술 후 흉부 지지대

• 장비
- 리스터 붕대 가위
- 상처 드레싱
- 패딩 재료
- 적합 재료
- 보호 재료

• 테크닉(흉부)

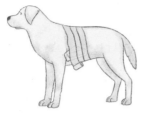

1. Apply a sterile dressing to any wound(s).
   Starting dorsally mid thorax apply a
   padding layer around the chest wall.

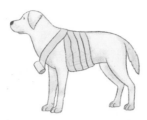

2. Incorporate the forelimbs in a figure-
   of-eight to help secure the bandage.

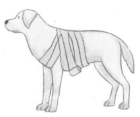

3. Return back along the chest wall, ending
   caudally to where the bandage started.

4. Cover the padded layer with
   a conforming bandage. Make
   sure that the bandage is not too
   tight and does not compromise
   respiratory efforts.

그림 7.5 개의 흉부 부상에 대한 붕대 감는 방법

(2) 복부 붕대법(Abdominal Bandaging)

• 적응증

- 복부 상처에 대한 우선 처치
- 수술 상처에 대한 수술 후 복부 지지대
- 복강 내 출혈을 조절하기 위한 압박붕대

• 장비

- 리스터 붕대 가위
- 상처 드레싱
- 패딩 재료
- 적합 재료
- 보호 재료

• 테크닉(복부)

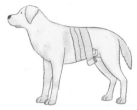

1. Apply a sterile dressing to any wound(s). Starting mid abdomen, apply a padding layer around the abdominal wall.

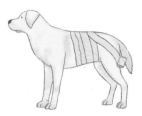

2. Incorporate the hindlimbs in a figure-of-eight to help secure the bandage.

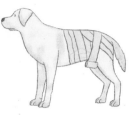

3. Return back along the abdominal wall ending cranially to where the bandage started.

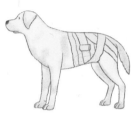

4. Cover the padded layer with a conforming bandage. Pay particular attention to anatomy of genitalia in both male and female—be careful not to cover the vulva or prepuce.

그림 7.6 개의 복부 부상에 대한 붕대 감는 방법

• 테크닉(골반)

Technique
- The appropriate primary bandage material is placed over the wound.
- Using an absorbent secondary bandage wrap material, the abdominal area is wrapped circumferentially with several layers. On male dogs, bandage material is initially wrapped over the prepuce.

- Wrapping is continued circumferentially around the proximal aspect of one pelvic limb for two to three wraps.

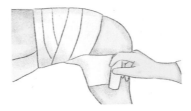

- The wrapping goes back onto the caudal abdominal portion of the bandage for one to two wraps.
- Wrapping is then taken to the proximal aspect of the opposite pelvic limb where two to three layers of circumferential wrap are made, as with the first limb. On intact male dogs the scrotum should be avoided when wrapping the proximal limbs. The result is a bandage that covers the abdominal, pelvic, and caudal spinal areas, leaving the tail, anus, vulva, or scrotum uncovered.

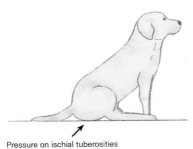

Pressure on ischial tuberosities

In the Schiff-Sherrington posture, the dog's weight rests on the ischial tuberosities.

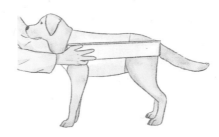

Pelvic extension splints are designed for and work best on small dogs.

그림 7.7 개의 하복부 및 골반 부상에 대한 붕대 감는 방법

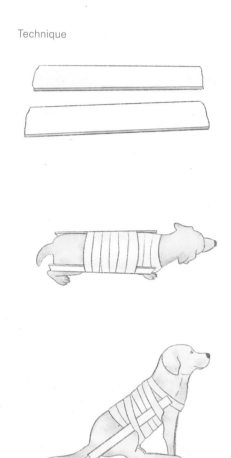

Technique

Pressure   No pressure

그림 7.8 개에서의 Schiff-Sherrington 자세와 골반 확장 부목 사용

4 로버트 존스 붕대법 Robert Jones bandaging

로버트 존스 붕대와 그 변형 제품은 동물환자에게 가장 자주 사용되는 붕대법이다. 부피가 큰 면 거즈 포장재는 일반적으로 수술 전후에 임시로 사지를 부목으로 고정하는 데 사용된다. 오리지널 로버트 존스 붕대는 시중에서 구할 수 있는 12인치의 말아놓은 면을 4~6인치 두께로 팔다리에 자유롭게 붙이는 방식이다. 변형된 로버트 존스 붕대는 면을 덜 사용하지만 여전히 압박을 제공한다.

두꺼운 면층은 연조직을 가볍게 압박하고 혈관 손상 없이 골절을 고정한다. 연부조직 및 뼈 고정은 환자의 편안함을 향상시키고 날카로운 뼛조각으로 인한 추가 연조직 손상을 방지하며 부기를 최소화하여 수술 중 해부학적 랜드마크의 시각화 및 촉진을 향상시킨다. 또한 로버트 존스 붕대는 수술 후 데드 스페이스를 제거하는 데 도움이 된다.

- **적응증**
  - 사지 골절 고정 시 우선 처치법
  - 사지 부종 및 부종 조절을 위해
  - 수술 후 사지 지지

- **장비**
  - 리스터 붕대 가위
  - Adhesive 테이프
  - 코튼패딩 재료
  - 적합 재료
  - 보호 재료

- **테크닉**

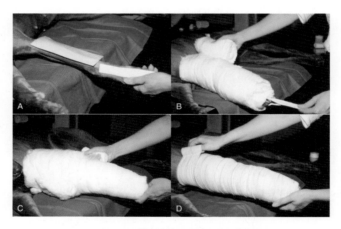

그림 7.9 개에서의 로버트 존스 붕대

5 뒷다리 및 발의 붕대발 Bandages on the Hindlimbs and Phalanges

- **적응증**
  - 사지/발 출혈 관리를 위한 우선 처치(예: 절단 패드)
  - 수술 후 사지/발 지지
  - 정맥 내 수액 고정을 위한 가벼운 드레싱

- 환자의 접촉으로부터 사지/발 상처 보호

• **장비**

- 발톱 깎기

- 리스터 붕대 가위

- 패딩 재료

- 적합 재료

- 보호 재료

발에 압박 붕대를 감을 때는 다음 사항을 확인한다.

- 여분의 패딩을 적용

- 밀착되는 층을 단단히 붙임

혈액 순환 장애를 방지하기 위해 압박 붕대를 필요 이상으로 오래 착용해서는 안 된다.

• **테크닉**

 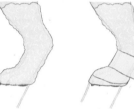 

1. Place two lengths of zinc oxide tape to cover 15-20cm up the leg and 10-13cm overlap at the toes and place on each side of the leg to form stirrups. Pad out toes as necessary.

2. Place cotton wool layer: start halfway up the nail and reverse roll cotton wool four or five times around the leg.

3. Place conforming bandage: this should compress the cotton wool as firmly and as evenly as possible and should cover it entirely.

4. Unstick two ends of zinc oxide tape and fold back to secure the bandage.

5. Cover the bandage with cohesive dressing.

6. Check that the bandage is not too tight: it should be possible to insert two fingers between the bandage and the animal. When flicked, the bandage should sound like a ripe melon.

7. The two middle toes should remain exposed.

그림 7.10 개의 앞 또는 뒷발허리 주위의 부상에 대한 붕대 감는 방법

1. Cut long claws. Pad out the toes using a small piece of absorbent dressing.

2. Apply a padding layer over the foot covering the dorsal and palmar/plantar area.

3. Twist the bandage to cover diagonally the medial and lateral aspect of the foot.

4. Roll the bandage in a proximal direction spiralling up the leg to cover the joint above the area to be bandaged.

5. Repeat this for the conforming layer and the cohesive layer.

그림 7.11 개의 발가락의 부상에 대한 붕대 감는 방법

6 벨포 슬링 Velpeau Sling Bandage

• 적응증
- 탈구된 어깨 관절의 폐쇄적 환납 후 앞다리를 지지

• 장비
- 리스터 붕대 가위
- 패딩 재료
- 적합 재료
- 보호 재료

• 테크닉

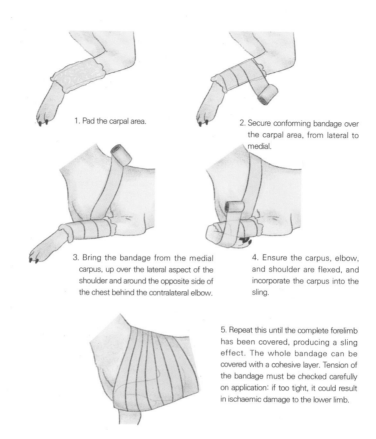

1. Pad the carpal area.

2. Secure conforming bandage over the carpal area, from lateral to medial.

3. Bring the bandage from the medial carpus, up over the lateral aspect of the shoulder and around the opposite side of the chest behind the contralateral elbow.

4. Ensure the carpus, elbow, and shoulder are flexed, and incorporate the carpus into the sling.

5. Repeat this until the complete forelimb has been covered, producing a sling effect. The whole bandage can be covered with a cohesive layer. Tension of the bandage must be checked carefully on application: if too tight, it could result in ischaemic damage to the lower limb.

그림 7.12 개에서 벨포 슬링을 적용한 모습

7 에머 슬링 Ehmer Sling Bandage

• **적응증**

- 탈구된 엉덩 관절의 폐쇄적 환납 후 뒷다리를 지지

• **장비**

- 리스터 붕대 가위

- 패딩 재료

- 적합 재료

- 보호 재료

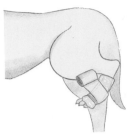

1. Lightly pad the metatarsal area(this prevents swelling, though too much padding will cause the bandage to slip). Secure conforming bandage around the metatarsal area from the medial to the lateral aspect.

2. Flex the whole limb, turning the foot inwards(this will turn the hock outwards and the stifle inwards, immobilizing the hip). Bring the bandage up under the medial aspect of the stifle. A small amount of padding may be applied to the cranial aspect of the stifle.

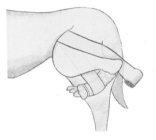

3. Bring the bandage over the lateral aspect of the thigh and around the medial aspect of the hock, returning to the lateral aspect of the metatarsals.

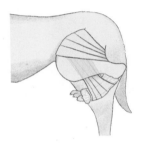

4. Apply several more layers until the leg is secure and the hip is supported. Repeat this for the cohesive dressing as required. Tension of the bandage must be checked carefully on application: if too tight, it could result in ischaemic damage to the lower limb.

그림 7.13 개에서 에머 슬링을 적용한 모습

8 꼬리 붕대 Tail Bandage

• 적응증
- 꼬리 끝 절단 수술 후 보호
- 꼬리 출혈에 대한 응급 처치
- 항문 또는 회음부 수술 후 꼬리 보호

• 장비
- 리스터 붕대 가위
- 상처 드레싱
- 패딩 재료
- 적합 재료
- 보호 재료

- 꼬리 끝 보호용 주사기 케이스

• 테크닉

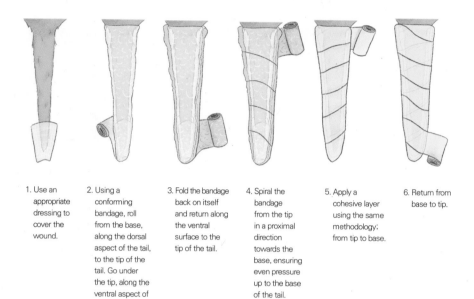

1. Use an appropriate dressing to cover the wound.

2. Using a conforming bandage, roll from the base, along the dorsal aspect of the tail, to the tip of the tail. Go under the tip, along the ventral aspect of the tail, and back to the base.

3. Fold the bandage back on itself and return along the ventral surface to the tip of the tail.

4. Spiral the bandage from the tip in a proximal direction towards the base, ensuring even pressure up to the base of the tail.

5. Apply a cohesive layer using the same methodology; from tip to base.

6. Return from base to tip.

그림 7.14 개의 꼬리 부상에 대한 붕대 감는 방법

chapter

08

재활치료

Rehabilitation

재활치료
Rehabilitation

> **📖 학습목표**
> ---
> ▸ 물리치료와 재활운동을 이해한다.
> ▸ 각 물리치료기구를 이해하고 적용 방법을 학습한다.
> ▸ 목적에 따른 재활운동을 이해하고 적용한다.

01 　물리치료 Physical Therapy

　물리치료라는 것은 신체에 열, 기계, 전기, 화학, 광학적 에너지 등을 적용하여 세포단계에서부터 치유가 될 수 있도록 적용되는 개념이다. 궁극적으로 물리치료는 신체의 통증을 완화하고 기능을 회복시키며 신체 능력을 개선하기 위해 다양한 치료 방법을 사용하는 동물보건의 전문 분야이다. 물리치료는 주로 운동 요법, 수기치료(마사지, 관절가동범위 운동 등), 전기치료, 열치료, 냉치료 등을 포함하며 치유가 될 수 있도록 적절한 환경을 제공해 줌으로써 염증의 부정적인 효과를 조절하고 제한하는 데 적용되어야 한다.

- 목적: 물리치료기기의 적용의 주요 목적은 통증을 줄이고, 근육과 관절의 기능을 회복시키며, 일상생활에서의 신체 활동을 개선하는 것이다. 이를 통해 동물환자가 독립적으로 먹고, 배변활동 등의 생활을 할 수 있도록 돕는다.
- 적용 대상: 물리치료는 다양한 상황에서 적용될 수 있다. 여기에는 스포츠 손상, 근골격계 질환(예: 퇴행성 관절염, 전십인대손상, 슬개골 탈구 등), 신경계 질환(예: 뇌졸중, 척수 손상), 심장 및 호흡기 질환 등이 포함된다.

동물 물리치료는 환자의 상태와 동물보건사의 목표에 따라 맞춤형으로 진행되어야 한다. 첫 번째 단계는 평가로, 물리치료사는 환자의 건강 상태를 진단하고 적절한 치료 계획을 수립해야 한다. 이후 치료 세션 동안 다양한 기법을 사용하여 환자의 상태의 개선을 도모해야 한다.

염증은 손상에 대한 신체의 반응에서 원치 않고 불필요한 부분, 유해한 부분으로 알려져 있지만 염증은 치유 과정에서 필연적으로 마주해야 한다. 염증이 정도의 범위를 벗어나 신체 전체 혹은 견딜 수 없을 수준의 통증이 발생했을 때는 치유에 방해가 될 수 있으나, 물리치료 혹은 재활의 기법의 적용을 통해 염증 반응의 기간과 양에 영향을 줄 수 있게 되고, 바람직하지 않은 효과를 막을 수 있게 된다.

• 염증의 주요한 징후

열과 발적은 주위에 혈류를 증가시키고, 세포의 대사율이 증가되면서 이차적으로 발생한다. 부종은 다양한 염증성인자에 의해 생기며 단백질, 감마글로불린, 피브리노겐의 고농축에 의해 더욱 증진된다. 통증은 염증 부위에서 브래디키닌, 히스타민, 프로스타글란딘, 그 밖의 다른 물질들과 같은 화학적 물질의 해리에 의한 것이며, 조직압을 증가시키며, 이러한 영향으로 정상적인 기능을 잃게 된다.

염증의 규모는 임상적으로 부종의 양과 압통 그리고 관절 운동의 소실에 기초하여 정해진다. 부종의 양과 운동범위의 소실은 건측과 비교하여 측정할 수 있다.

염증의 주요한 징후는 다음과 같은 다섯 가지로 요약된다.

표 8.1 염증의 5대 징후

징후	염증 현상
발열	혈류 및 신진대사율 증가
발적	혈류 및 신진대사율 증가, 히스타민 방출
부종	주위 조직으로 염증인자 유출, 출혈, 정맥환류차단, 기계적 압박, 신경·화학적 자극
통증	기계적 압박 또는 신경·화학적 자극
기능소실	일차 조직 손상, 부종에 의한 관절가동범위 감소

급성염증과 만성염증은 염증 반응의 지속 시간과 발병 원인, 그리고 신체의 반응 양상에 따라 구분된다. 두 가지 염증 유형의 주요 차이점은 다음과 같다.

• 급성염증(Acute Inflammation)

급성염증은 신체가 손상이나 감염에 빠르게 반응하는 초기 염증 과정이다. 일반적으로 며칠에서 몇 주 정도 지속된다.

- 발병 원인: 외상, 감염, 화상, 독소, 급성 자극 등
- 증상: 발적, 열감, 부종, 통증, 기능 장애
- 세포 반응: 주로 호중구(Neutrophils)가 초기 염증 반응에 관여
- 결과: 염증이 가라앉고 조직이 치유되며 대부분의 경우 염증 반응은 신체가 손상 부위를 복구하고 정상적인 기능을 회복하는 데 도움이 된다.

• 만성염증(Chronic Inflammation)

만성염증은 급성염증이 해소되지 않거나 장기적으로 지속되는 염증 과정이며 일반적으로 몇 달에서 몇 년 동안 지속될 수 있다.

- 발병 원인: 지속적인 감염, 자가면역 질환, 만성 자극(예: 흡연, 환경 독소) 등이 원인이다. 또한 급성염증이 적절히 치료되지 않으면 만성염증으로 진행될 수 있다.
- 증상: 급성염증과 달리 증상이 덜 명확할 수 있으며, 만성 피로, 지속적인 통증, 장기 기능 저하 등이 나타날 수 있다.
- 세포 반응: 림프구(lymphocytes), 대식세포(macrophages), 형질세포(plasma cells) 등의 면역 세포가 주로 관여한다.
- 결과: 만성염증은 종종 신체의 장기와 조직에 영구적인 손상을 초래할 수 있으며, 이는 다양한 만성 질환(예: 관절염, 심혈관 질환, 일부 암)으로 이어질 수 있다.

표 8.2 손상 후 염증의 단계

특성	급성염증	만성염증
지속 시간	며칠에서 몇 주(0~14일)	몇 달에서 몇 년
주 원인	외상, 감염, 화상 등	지속적인 감염, 자가면역 질환 등
주된 세포	호중구, 대식세포	림프구, 대식세포, 형질세포
주 증상	발적, 열감, 부종, 통증, 기능 장애	만성 피로, 지속적 통증, 장기 기능 저하
결과	치유 및 회복	조직 손상, 만성 질환 및 기능소실

이 두 염증 유형의 이해는 다양한 의학적 상태를 평가하고 치료하는 데 중요하다. 급성 염증은 신체가 손상을 신속히 복구하려는 자연스러운 반응인 반면, 만성염증은 장기적인 건강 문제로 이어질 수 있어 보다 복잡한 관리와 치료를 필요로 한다.

1 기기를 이용한 물리치료의 적용 Therapeutic Modalities

(1) 한랭과 온열치료(Cold and Heat Therapy)

- **한랭치료**
- **– 한랭치료의 기전**
  - 세포반응: 급성 손상으로 세포의 산소 요구량을 감소시킬 수 있다. 이는 세포 대사율을 떨어뜨리고, 결과로 살아남은 세포들에 의해 요구되는 산소 요구량을 감소시켜 산소 부족으로 죽게 되는 세포들의 수를 감소시켜 저산소에 의한 허혈성 손상을 제한하게 된다.
  - 혈액과 유체역학반응: 세포의 대사율을 감소시키고, 주변 조직의 산소 요구량을 감소시킴으로써 당연히 치료 부위의 혈류량이 감소되어 혈종 및 부종의 형성을 감소시키게 된다. 이는 잔여의 출혈과 부종의 정도를 감소시켜 손상 주위에서의 울혈이 보다 적게 되고, 이차적 저산소성의 세포사가 줄어들게 든다.
  - 근경축 감소: 구심성의 신경자극의 역치를 증가시킴으로써 통증을 감소시킴과 동시에 근방추의 민감성을 감소시킨다.
  - 통증 조절: 한랭의 적용은 통증 전달을 차단하고, 신경전도 속도를 감소시키고, 근경축을 감소시키고, 부종을 감소시킴으로써 통증 지각과 전달에 영향을 미친다. 큰 직경의 신경원을 자극함으로써, 반자극으로 작용하여 한랭은 통증 전달을 억제하게 된다. 또한 자유신경종말의 흥분성을 낮춤으로써 통증 전달은 감소하게 된다.

10마리의 잡종견을 대상으로 한 연구의 예로 섭씨 -16도(화씨 3도) 냉찜질이 개의 측위근에 미치는 영향을 연구하였다. 젤 찜질팩을 무작위 순서로 5분, 10분, 20분 동안 적용하고, 조직 깊이 0.5cm, 1.0cm, 1.5cm에서 온도 변화를 측정했다. 10분 후, 냉찜질은 각각 깊이 0.5cm, 1.0cm, 1.5cm에서 조직 온도를 섭씨 7°C, 4.7°C, 4°C 감소시켰다. 20분 후, 냉찜질은 조직 온도를 각각 8.2°C, 6.5°C, 4.7°C로 더 감소시켰다. 개들은 이상적인 체형을 가지고 있어 결과가 좋은 지침이 되지만 모든 개에게 적용할 수는 없다. 10분과 20분

적용 사이의 차이는 유의미했지만 10분의 적용만으로도 냉각에 충분했다(Millard RP, Towle-Millard HA, Rankin DC et al: Effect of cold compress application on tissue temperature in healthy dogs, Am J Vet Res 74:443-447, 2013).

• 한랭치료의 주요 적용

- 수술 후 관리

- 목적: 수술 후 염증, 부종 및 통증 감소를 위해 적용
- 방법: 수술 부위에 냉찜질 또는 얼음팩을 하루에 여러 번 10-20분 동안 적용한다. 이는 수술 후 부종을 최소화하고 빠른 회복을 촉진한다.

- 급성 손상 관리

- 목적: 염좌나 좌상과 같은 급성 연부조직 손상을 관리하기 위해 적용
- 방법: 손상 부위에 즉시 얼음이나 냉찜질을 적용하여 초기 부종과 통증을 줄인다. 냉압박 장치를 사용하면 더 효과적인 치료가 가능하다.

- 만성 질환

- 목적: 관절염과 같은 만성 염증 상태를 관리하기 위해 적용
- 방법: 염증과 통증을 줄이기 위해 정기적으로 냉찜질을 사용하여 동물의 이동성과 편안함을 개선한다.

- 적용 방법

- 냉찜질/얼음팩: 부서진 얼음, 젤 팩 또는 물과 알코올 혼합물을 사용하여 만들며, 온도 교환을 향상시키기 위해 습한 수건에 싸서 적용한다(그림 8.1, Lee SH, Cho JH, Kim CH, Lee D. Effect of Rehabilitation in a Dog with Delayed Recovery following TPLO: A Case Report, Animals, 13(17), 2778; https://doi.org/10.3390/ani13172778).
- 얼음 마사지: 컵이나 유사한 용기에 물을 얼려서 사용할 수 있다. 노출된 얼음 표면을 부드럽게 5-10분 동안 마사지하여 피부가 약간 붉어지고 마비될 때까지 적용한다(그림 8.2).
- 냉압박 장치: 냉압박 장치(Game ready®)는 환자의 팔다리를 감싸는 슬리브에 있는 별도의 튜브를 통해 냉수와 공기를 번갈아 가며 펌핑한다. 물의 온도는 일반적으로 2°C~10°C(35~50°F) 사이로 설정하여 냉각을 제공하게 되고, 슬리브에 간헐적으로 공기를 주입하여 압박을 가하게 된다. 염증이나 조직이 치유되는 급성기에 매우 효과적인 치료가 될 수 있다(그림 8.3).

• 냉수욕/침수: 해당 부위를 10-20분 동안 차가운 물(2-16°C)에 담근다. 이 방법은 특히 효과적이지만, 동물환자의 순응 문제로 인해 어려울 수 있다.

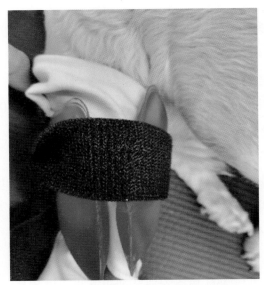

그림 8.1 냉찜질팩을 무릎관절에 적용하는 사진

그림 8.2 얼음을 팔꿈치관절에 적용하는 사진

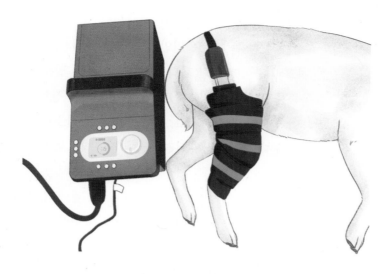

그림 8.3 냉압박장치를 뒷다리에 적용하는 사진

• 온열치료

- 온열치료의 기전

역사적으로 열만큼 오랫동안 사용된 치료 절차는 거의 없으며, 가장 오래된 물리치료법 중 하나이다. 표재성 온열제는 최대 약 2cm의 조직 깊이까지 침투하는 반면, 심부 온열제는 5cm 깊이까지 조직 온도를 상승시킬 수 있다.

- 세포반응: 조직 온도의 증가에 반응하여 증가된다. 세포 대사율이 증가함에 따라, 세포의 산소와 영양 물질에 대한 수요도 마찬가지가 된다. 에너지를 소모하는 모든 살아있는 유기체처럼 세포로부터 배설되는 노폐물의 양은 세포의 활동이 증가함에 따라 증가하게 된다. 세포의 대사 증가는 조직 온도의 상승을 야기하게 되고 증가된 세포 대사율은 소동맥의 확장, 증가된 모세혈관의 흐름을 만들게 된다.

- 혈액과 유체역학반응: 국소 혈관 확장을 시킴으로써 조직 온도의 상승에 반응한다. 혈관 확장의 범위는 심부의 혈관보다 표층의 혈관에서 더 크다. 증가된 모세혈관의 흐름은 손상 부위에 산소와 영양 물질을 공급하게 된다. 울혈로 증가된 모세혈관의 압력은 손상된 부위로부터 부종과 유해한 대사산물을 순환하도록 만들게 되고, 증가된 모세혈관의 투과성은 부종의 재흡수와 혈종의 분해에 도움을 준다.

- 근경축과 조직의 탄력: 증가된 온도는 신장에 대한 근방추의 민감성을 감소시켜 근경축을 감소시키기게 된다. 혈류량을 증가시키는 것과 국소 근육의 대사산물을 감소시키는 것은 더욱이 경축을 완화하게 되며, 콜라겐의 신장성, 조직의 점도 및 소

성변형을 증가시킴으로써 관절가동범위 또한 향상된다.

- 통증 조절: 급성 손상에서 통증의 주요 원인은 조직에 가해진 기계적 손상이고, 만성에 의한 통증은 허혈과 자극에 의한 화학적 매개체로부터 발생하는 데 온열의 적용으로 기계적인 통증은 조직의 압력(부종)과 근경축에 의한 장력을 완화하기 위해 순환의 증가를 만들어 울혈을 감소시키고, 허혈성 세포에 산소를 전달해주며, 통증 유발 물질의 순환을 돕는다. 또한, 자유신경종말에 작용함으로써 손상 부위에 진정 작용을 이끌어 준다.

피부 온도는 10°C 이상 상승할 수 있지만, 일반적으로 1cm 깊이의 조직은 3°C 미만, 2cm 깊이의 조직은 1°C 미만으로 상승한다. 47°C(116°F)의 따뜻한 온찜질이 개의 측위 근에 미치는 영향을 연구한 결과에 따르면, 젤 찜질을 5분, 10분, 20분 동안 무작위 순서로 적용하고 0.5, 1.0, 1.5cm 조직 깊이에서 온도 변화를 측정했다. 0.5cm 및 1.0cm 깊이에서는 요추 부위의 조직 온도가 크게 상승(>2°C)했지만, 1.5cm 깊이에서는 가열이 미미했다(Millard RP, Towle-Millard HA, Rankin DC et al: Effect of warm compress application on tissue temperature in healthy dogs, Am J Vet Res 74:448-451, 2013).

• 한랭치료의 주의사항 및 금기사항

한랭의 치료 효과는 조직 온도가 섭씨 15도에서 19도에 도달했을 때 발생하는 것으로 여겨지지만, 이는 조직의 정상 온도에 따라 다르다. 이전에 동상에 걸린 부위는 피해야 한다.

• 적용 시 주의사항 및 금기증

- 피부색 확인: 개의 피부색을 통해 붉어짐 또는 창백함을 확인하는 것이 색소 침착과 털로 인해 어려울 수 있지만, 첫 5~10분 후에는 반드시 확인하여 계속된 치료가 안전한지 확인해야 한다.
- 표재성 신경: 표재성 신경 위에 냉요법을 적용할 때는 주의 필요
- 개방성 상처: 냉요법이 혈관 수축을 일으키기 때문에 개방성 상처에는 주의
- 골절 부위: 골절 부위에도 냉요법을 적용할 때 주의
- 감각 또는 운동 신경 장애 부위: 감각 또는 운동 신경 장애가 있는 부위 제외할 것
- 고혈압 환자: 냉요법이 전신에 적용될 때 혈압을 상승시킬 수 있으므로 고혈압 환자에게는 주의
- 감각이 감소하거나 없는 부위: 감각이 감소하거나 없는 부위는 피해야 한다.

- 아주 나이가 많거나 어린 환자: 아주 나이가 많거나 어린 환자에게는 주의

• 온열치료의 주요 적용

- 급성 손상 관리

- • 목적: 급성 염증과 통증을 줄이는 것
- • 적용 시기: 급성 염증 단계가 끝난 후 사용. 급성 염증 중에는 사용하지 않음

- 만성 손상 관리

- • 목적: 만성 질환에서 열치료의 목적은 지속적인 통증을 관리하고, 근육 이완을 촉진하며, 관절의 움직임을 개선하는 것이다. 만성 통증 및 경직을 감소시키기 위해 혈류를 지속적으로 증가시키는 것이 중요하다.

- • 방법: 염증과 통증을 줄이기 위해 정기적으로 온열을 사용하여 동물의 이동성과 편안함을 개선한다. 치료 지속 시간과 빈도는 부상의 심각도, 조직 치유 단계, 부상 부위 및 원하는 결과에 따라 다르며 일반적으로 열치료는 15-30분 동안 지속되며 하루 3-4회 반복될 수 있다. 열치료는 부상이 발생한 후 최소 48시간 후에 적용하는 것이 좋은데 이는 너무 이른 열적용이 부종을 증가시킬 수 있기 때문이다.

- 적용 방법

- • 핫 팩: 핫 팩은 재사용 가능하며 일반적으로 20~30분 동안 높은 온도를 유지할 수 있다. 핫 팩이 너무 뜨겁지 않은지 확인하려면, 치료사가 핫 팩을 자신의 목 뒤에 놓아보고 편안한지 확인해야 한다. 반드시 핫 팩과 동물의 피부 사이에 수건을 놓아 화상을 방지해야 하고 동물의 피부가 뜨거워지면 수건을 추가해야 한다. 정상적인 감각을 가진 개는 핫 팩이 과열되면 움직이려고 하지만, 감각이 손상된 개는 과열을 인식하지 못할 수 있어 화상에 특히 취약하다는 것을 명심해야 한다.

- • 웜워터: 27℃에서 35℃의 따뜻한 물은 표면 온열 요법의 또 다른 적용 방법이다. 물을 직접 치료 부위에 적용하거나, 따뜻한 물에 적신 수건을 사용할 수 있으며, 해당 부위를 따뜻한 물 목욕이나 월풀에 담글 수도 있다. 월풀은 잠긴 신체 부위에 수압을 증가시켜 부종을 줄이는 데 도움이 된다. 따뜻한 물의 온도는 개별 동물의 필요에 따라 조정을 해야 하는데 만성 질환 환자는 급성 질환 환자보다 울혈과 순환 장애가 더 크므로 따뜻한 물로 치료할 수 있다.

- • 적외선 램프: 적외선 램프는 물질에 흡수되면 열을 방출하는 전자기 복사를 방출한다. 적외선 램프는 큰 부위를 따뜻하게 하기 위해 사용되며, 램프는 치료 부위에서

30-40cm 떨어진 곳에 위치시켜 적용할 수 있는데 개가 치료 동안 움직이면 국소 온열적용에 매개체로 적절하지 않다.

- **주의사항 및 금기증**
  - 적외선 램프는 화상의 위험이 높음
  - 마취된 동물이나 감각이 감소된 동물 아래에 두어서는 안 됨
  - 치료 중 동물을 방치하지 말고 피부를 자주 모니터링
  - 열 팩을 감싸는 타월을 사용하여 피부를 화상으로부터 보호
  - 피부가 너무 뜨거우면 추가 타월을 추가하거나 열 팩을 식혀야 함
  - 통증을 유발하거나 병리적 징후를 악화시키는 경우 열치료를 수정하거나 중단
  - 감염된 부위에 열 팩을 적용하면 염증 반응 증가 가능
  - 임신한 동물, 극도로 비만인 동물, 순환이 좋지 않은 동물 등은 열치료에 주의 필요

(2) 전기치료(Electric Treatment)

전기치료는 여러 종류의 주파수를 이용하여 목적에 맞는 적용을 하여야 한다. 각각의 기술은 특정한 치료 효과를 목표로 하며 다음은 전기치료의 주요 종류와 그 적용 방법 및 목적이다.

- **신경근 전기 자극(NMES, Neuromuscular Electrical Stimulation)**
  - 목적: 근육의 수축을 유도하여 근육의 힘을 증가시키고, 근육 위축을 방지하며, 림프 및 정맥 흐름을 촉진한다.
  - 적용 방법: 간헐적인 직류를 사용하여 운동 신경을 자극한다. 주로 근육 재교육, 손상된 근육의 회복, 및 근육의 강화를 위해 사용된다.
  - 치료 시간 및 치료 빈도: 일주일에 3~7회, 원하는 부위에 15~20분 동안 25~50Hz로 전기 자극을 환자에 맞게 적용되어야 한다. 간혹 전기 자극을 너무 자주 사용하거나 치료 기간이 너무 길거나 전류가 너무 강할 경우(근육 수축이 너무 강할 경우) 치료 프로그램 초기에 환자가 근육통 혹은 근피로를 경험할 수 있다. 이러한 경우 하루나 이틀 동안 치료를 건너뛰고 치료 시간, 빈도 또는 수축 강도를 줄여서 치료를 재개하면 일반적으로 문제를 해결하는 데 충분하다.
  - 효과: 깊고 표면적인 감각 반응을 모두 유도할 수 있으며, 높은 수준의 환자 순응도를 유지한다.

- **경피 전기 신경 자극(TENS, Transcutaneous Electrical Nerve Stimulation)**
- 목적: 통증 완화
- 적용 방법: 피부 표면에 맥동 전류를 적용하여 근수축은 일어나지 않아야 하며, Aβ 섬유를 자극하여 관문 조절설에 근거한 기전으로 치료 효과를 볼 수 있다.
- 효과: 통증 신호를 차단하고, 통증 완화 효과를 제공하여 주로 만성 통증 관리에 사용된다.
- 치료 시간 및 치료 빈도: 급성 통증에 권장되는 파라미터는 80~150Hz(주파수 변조)이며, 만성 통증에는 1~10Hz(주파수 변조)이며, 적용시간은 15~20분이다. 주파수 변조를 사용하지 않는 경우, 급성 통증의 경우 50~100Hz, 만성 통증의 경우 2~4Hz의 고정 주파수가 이용된다.

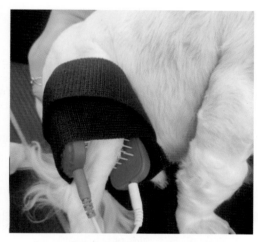

그림 8.4 개의 슬관절에 TENS를 적용하는 사진

출처: https://www.mdpi.com/2076-2615/13/17/2778

몇몇 연구는 개를 대상으로도 수행되었으며, 그중 하나는 개의 무릎 골관절염 통증에 대한 TENS의 효과를 조사했다. 만성 경미한 골관절염을 가진 다섯 마리의 개가 치료를 받았고, 전기 자극 전, 힘판을 사용하여 치료 전 지면 반작용력을 측정했다. 측정 후, 주파수 70Hz의 전기 자극을 무릎 주변에 적용했으며 치료 후 지면 반작용력은 4시간 동안 30분 간격으로 측정되었으며, 24시간 후에도 재평가되었다.

치료 30분 후에 지면 반작용력의 유의미한 개선이 발견되었고, 이러한 차이는 치료 후

210분 동안 지속되었으며, 30, 60, 120, 150, 180분 후에 통계적으로 유의미한 것으로 확인되었다. 가장 큰 개선은 치료 직후에 나타났고, 4일간의 휴식 후에도 약간의 체중 부하 증가가 관찰되었으나, 이는 유의미하지 않았다. 이 예비 연구에서는 무릎 골관절염을 가진 개에서 TENS 적용의 긍정적인 효과가 명확하게 난 것으로 확인되었다(Levine D et al: The effect of TENS on osteoarthritic pain in the stifle of dogs. In Proceedings of the 2nd International Symposium on Rehabilitative Physical Therapy Veterinary Medicine, Knoxville, TN, 2002).

(3) 레이저치료(LASER Therapy)

레이저(LASER)는 복사 유도 방출에 의한 광증폭(Light Amplification by Stimulated Emission of Radiation)의 줄임말로, 본래 빛의 증폭이라는 물리적 현상을 보이게 되며, 이를 이용해 만들어진, 강하고 퍼지지 않으며 멀리 전달되는 단색광 레이저 빔(beam) 또는 레이저광(光)을 간단히 '레이저(laser)'라고 부른다. 레이저 빔은 단색성, 직진성, 가간섭성, 고출력, 편광성의 특징을 보인다.

• 역사

- 고대 사용: 빛의 치유 특성은 수세기 동안 알려져 왔으며, 태양광 및 기타 빛의 형태는 치료 목적으로 사용

- 20세기 중반: 1960년대에 레이저가 처음 발명되었고, 이는 광자(빛의 입자)의 증폭을 통해 특정 파장을 방출할 수 있게 해주었다.

- 저출력 레이저 치료(Low Level Laser Therapy, LLLT): 30여 년 전부터 저출력 레이저, 일명 냉 레이저가 치료 목적으로 사용되기 시작했다. 이는 주로 조직의 생물학적 과정을 조절하여 상처 치유, 근육 재생 및 통증 완화에 사용된다.

- 최근 발전: 최근에는 저출력 레이저와 고출력 레이저 사이의 중간 수준의 출력으로 치료 효과를 제공하는 치료용 레이저가 도입되었다. 이는 동물 재활 프로그램에서도 점점 더 많이 사용되고 있다.

• 기전

- 광생체자극(Photobiostimulation): 레이저 치료는 특정 파장의 빛을 사용하여 세포 내에서 생리학적 변화를 유도한다. 이 과정은 비열적(non-thermal)으로, 조직을 가열하지 않고도 생리적 효과를 발휘한다.

- ATP 생산 촉진: 원리: 레이저 빛은 세포의 미토콘드리아에 있는 효소(특히 사이토크롬 C

산화효소)에 흡수되어 ATP(아데노신 삼인산) 생산을 증가시키고, ATP는 세포 에너지의 주요 원천으로, 세포의 에너지 수준을 높여준다. 자동차에 연료를 더 넣어주는 것처럼, ATP는 세포가 더 많은 에너지를 생성하여 치유 과정을 촉진하도록 돕게 된다.

- 세포 신호전달 및 증식: 레이저 치료는 세포 내 신호전달 경로를 활성화하여 세포 증식, 이동 및 재생을 촉진하게 된다. 이 과정은 주로 성장 인자 및 단백질 합성을 촉진하게 된다.

- 염증 감소: 레이저 빛은 염증 매개체(예: 프로스타글란딘 E2 및 사이클로옥시제나제-2)를 감소시켜 염증 반응을 억제하게 되어 부기와 통증이 줄어들게 된다.

- 혈류 개선 및 혈관 신생: 레이저 치료는 혈관 확장을 촉진하고 새로운 모세혈관 형성을 유도하여 손상된 조직에 더 많은 산소와 영양분을 공급한다.

- 통증 완화: 레이저 빛은 신경세포의 활동을 조절하여 통증 신호전달을 억제한다. 이는 엔돌핀과 엔케팔린 같은 천연 진통제의 방출을 촉진, 전자기파를 차단하는 것처럼, 레이저 빛은 통증 신호를 차단하여 통증을 감소시키게 된다.

상기의 기전을 통해 레이저 치료는 상처 치유, 통증 관리, 염증 감소, 세포 대사 증진 등에 긍정적인 효과를 미칠 수 있다.

• 동물에게 적용 방법

- 파장은 조직 침투의 주요 결정 요소: 일반적으로 600-1000nm 범위의 적외선 또는 근적외선 범위에서 이용되는데 632.8nm(HeNe, 가스), 810nm(GaAlAs, 다이오드), 904nm(GaAs, 다이오드)이다. 630-740nm 파장은 침투 깊이가 얕아 침술 지점 자극 및 상처 치유에 적합하며, 750-1500nm의 적외선 레이저는 더 깊이 침투하여 트리거 포인트, 인대, 관절 캡슐 및 관절 내 구조물을 치료하는 데 사용된다.

- 출력 전력(w)을 확인할 것: 레이저 빛의 용량(J/cm²)을 결정한다. 대부분의 상태에서는 1-8J/cm²의 용량이 적용되어, Jouls=watt*second로 적용된다. 예를 들어 출력이 500mW인 레이저에서 4J를 전달할 경우, 8초로 적용해야 된다. 최근에 개발된 레이저의 경우 사전 프로그래밍화된 소프트웨어로 계산해줄 수 있다.

- 접촉 혹은 비접촉 치료 적용: 직접 접촉은 레이저 빛 반사를 최소화하며, 상처 치료에는 비접촉 적용을 권장한다.

- 피부 상태에 따른 적용: 레이저 적용을 최대화하기 위해 털을 깎아야 한다. 털에 의해 50%에서 99%의 빛이 흡수될 수 있기 때문이며, 어두운 색소가 있는 치료 부위에서는

용량을 25% 증가시키는 것을 권장한다.
- 치료사 혹은 동물환자의 눈 보호: 눈에 노출이 될 경우, 망막손상의 가능성이 있으므로 보호장비를 착용 후 적용하도록 한다.

그림 8.5 개의 뒷발목관절에 레이저를 적용하는 사진

02 재활운동 Rehabilitation Exercise

1 재활운동의 적용 Application of Rehabilitation Exercises

동물 재활운동이란 수술 후 회복, 만성 질환(예: 관절염) 관리뿐만 아니라, 신경계 문제나 비만 관리 등 다양한 상태의 동물에게 적용되는 물리치료와 운동 프로그램을 말한다. 이 운동들은 동물의 통증을 줄이고 기능을 회복시키며, 근육을 강화하거나 유연성을 개선하는 데 중점을 두며, 수중 운동, 스트레칭, 균형 훈련 등 다양한 방법이 포함된다. 이를 통해 동물이 기능적인 일상생활(배변, 배뇨, 식이 등)을 할 수 있도록 돕고, 심리적 스트레스도 줄여 삶의 질을 향상시키는 데 기여한다.

• 고유 감각 및 균형 운동

고유 수용기는 근육, 힘줄, 관절 등 신체 여러 부위에 분포하며, 신체의 위치 변화를 감지한다. 이러한 수용기는 신경계를 통해 정보를 전달하여 신체의 위치를 정확히 인식하게 하고, 고유 감각은 신체의 위치와 움직임을 인식하는 능력으로, 균형은 서 있을 때나 움직일 때 몸의 평형을 유지하는 능력이다. 이 두 가지는 신경 및 근골격계 조건에 의해 영향을 받게 된다. 고유 감각 운동은 신경계 장애는 물론이고, 근골격계 손상 후 회복 과정에서 중요하다.

재활운동 전에 가벼운 웜업으로 고유 감각 운동이 시작될 필요가 있다. 이러한 웜업은 동물환자의 부상을 예방하기 위해 권장되는 부분이다.

• 고유 감각 및 균형 훈련 방법

- 바디 슬링: 동물환자의 경우 슬링을 사용하여 서 있는 자세를 유지하고 초기 고유 감각 훈련을 할 수 있다(뒷다리 수술 후, 그림 8.6).
- 체중 이동: 양쪽으로 몸을 천천히 흔들어 체중 이동을 시켜, 손상된 측으로 체중 부하가 되도록 한다.
- 밸런스 보드 또는 패드 운동: 보드 또는 패드를 사용하여 전후 또는 좌우로 몸을 흔들어 균형 감각을 향상한다(그림 8.7).
- 보수 볼(BOSU ball): 운동 공에 앞발을 올리고 균형을 유지하거나 공을 움직여 동적 균형을 훈련한다(그림 8.8).
- 기능적 훈련: 폼 매트리스, 트램펄린 등 다양한 표면에서 서거나 걷는 연습을 통해 균형과 고유 감각을 강화한다.

그림 8.6 개의 뒷다리 회복을 돕기 위해 슬링을 사용하여 이동을 보조하는 모습

그림 8.7 개의 균형증진을 위해 밸런스 패드 위에 고유수용성 운동을 하는 모습

그림 8.8 개의 균형증진을 위해 보수 볼 위에서 고유수용성 운동을 하는 모습

그림 8.9 개의 균형증진을 위해 paw pods 위에 고유수용성 운동을 하는 모습

그림 8.10 개의 균형증진을 위해 밸런스 패드와 paw pods를 이용한 고유수용성 운동을 하는 모습

그림 8.11 개의 균형증진 및 고유수용성 기능 향상을 위해 피넛 볼 위에서 고유수용성 운동을 하는 모습

그림 8.12 스탭퍼를 이용한 개의 뒷다리 근력 증진을 위한 운동

그림 8.13 앞, 뒤 스탭퍼를 이용한 자세 균형 유지 운동 및 고유수용성 운동

• **결론**

고유 감각과 균형 훈련 프로그램은 환자의 필요에 맞게 구성되어야 하며, 지속적인 훈련이 필요하다. 다양한 방법을 사용하여 흥미를 유지하고 점진적으로 난도를 높여야 한다.

2 운동치료, 관절 운동, 근력 강화, 지구력 운동 Exercise Therapy, Range of Motion Exercise, Strength and Endurance Training

운동치료를 통해 관절 운동 범위를 확장하고, 근력, 속도를 향상시켜 동물환자를 가능한 한 정상적인 기능으로 복귀시키는 방법을 설명한다.

• **관절 운동**

- 경사로 걷기: 고관절과 무릎의 근력을 강화한다.
- 계단 오르기: 고관절과 종아리 근육을 강화하고, 협응력 및 고유수용성을 향상시킨다.
- 춤추기와 수레 밀기: 뒷다리와 앞다리를 강화한다.

• **근력 강화 운동**

- 고관절, 무릎 관절: 엉덩이 근육과 사두근의 강화를 통해 힙 관절염 환자에게 효과적이며 주로 저빈도-고강도의 운동을 요한다.
- 앉았다 일어서기 운동(Sit-to-Stand Exercises): 이 운동은 엉덩이, 사두근, 햄스트링, 장딴지 근육을 강화하는 데 도움이 된다. 강아지를 앉혔다가 일어서게 하는 반복적인 동작을 수행한다. 처음에는 5~10회 반복 후 점차적으로 15회 반복으로 늘리며 이 운동은 고관절의 굴곡과 신전 범위를 증가시키고, 슬관절과 고관절의 근력을 동시에 향상시킨다.
- 경사로 걷기(Incline Walking): 경사로를 걷는 운동은 고관절과 슬관절 근육을 강화하는 데 효과적이다. 점차적인 경사로를 걷기 시작하여 강아지가 적응하도록 하고, 경사로를 오르면서 고관절과 슬관절의 신전과 굴곡이 증가하고, 근육의 힘과 지구력을 향상시키게 된다.
- 계단 오르기(Stair Climbing): 계단을 오르는 운동은 엉덩이와 사두근을 강화하며, 계단을 내려올 때는 앞다리 근육을 강화하게 된다. 강아지가 천천히 계단을 오르도록 하여 뒷다리 근육을 사용하도록 유도한다. 초기에는 계단을 오르는 것이 도전적일 수 있으므로, 강아지가 충분히 적응할 수 있도록 천천히 진행하게 된다.

- 카발레티 레일 걷기(Cavaletti Rails): 카발레티 레일을 걷는 운동은 엉덩이와 슬관절의 굴곡을 증가시키고, 근육 강화와 균형 감각을 향상시킬 수 있게 된다. 강아지가 레일 위를 걷도록 하여 걸음걸이를 연습하게 하고, 레일의 높이를 조정하여 다양한 수준의 도전을 제공하게 한다.
- 수중 트레드밀 운동(Underwater Treadmill): 물속에서 걷는 운동은 물의 저항을 이용하여 근육을 강화하고 관절의 부담을 줄일 수 있다. 수중 트레드밀에서 걷기를 통해 동물환자의 고관절과 슬관절 근육을 강화하게 된다. 물의 부력 덕분에 관절에 가해지는 부담을 줄일 수 있으며 다리에 무게를 더하여 근력 강화를 할 수도 있다.

그림 8.14 개의 재활 및 운동 증진을 위한 수중 트레드밀 운동치료를 적용하는 사진

• 지구력 운동

- 조깅과 트레드밀 걷기: 심혈관 지구력과 근육 강화를 목표로 한다.
- 모래나 눈에서 걷기와 조깅: 관절 운동 범위 증가와 근력을 강화한다.
- 긴 풀밭에서 걷기: 저항이 있는 환경에서의 운동은 근력과 지구력을 향상시킨다.
- 고빈도-저강도의 운동 유지

• 기타 운동

- 슈퍼 스탠딩: 동물환자를 피넛 볼 등에 올려 자세를 유지하여 코어 근육을 강화한다.
- 서서 굴리기: 근육의 강화와 균형을 유지한다.
- 수레 밀기: 앞다리의 근력과 협응력을 증진한다.

• **결론**

    치료 운동 프로그램은 환자의 상태와 회복 단계에 따라 개별적으로 조정되어야 하며, 지속적인 평가와 수정이 필요로 한다. 이러한 프로그램은 환자의 기능 회복을 최적화하는 데 중요한 역할을 하며 환자의 상태에 맞는 현실적인 목표를 설정한다. 운동 강도를 조절하여 과도한 스트레스를 피하고 운동치료는 집에서도 쉽게 수행할 수 있도록 설계가 가능하다. 긍정적 강화 기법을 사용하여 동물의 동기 부여를 유지하는 것이 바람직하다.

그림 8.15 카발레티 레일을 이용한 관절가동범위 증진 및 고유수용성 운동

그림 8.16 집에서 도넛볼을 사용하여 균형훈련 및 고유수용성 운동을 하는 모습

그림 8.17 카발레티 레일을 이용한 관절가동범위 증진 및 고유수용성 운동

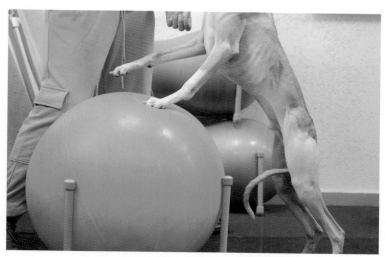

그림 8.18 짐 볼을 사용하여 개와 함께 뒷다리 근력 강화 운동을 하는 모습

참고문헌

동물간호사를 위한 임상테크닉, 다니구치 아키코, Okvet, 2013

동물간호의 교과서 제6권, 미도리쇼보 편집부, 미도리쇼보, 2020

동물보건외과학, 동물보건외과학 교재연구회, 범문에듀케이션, 2023

수의마취학, 이인형 역, Okvet, 2015

국가직무능력표준(NCS) 학습모듈 05 수술동물 수의간호

Anesthesia for Veterinary Nursen 2nd Edition, Liz Welsh, Wiley-Blackwell, 2013

Anesthesia for Veterinary Technicians, Susan Bryant, Wiley-Blackwell, 2013

BSAVA Manual of Practical Veterinary Nursing. Mullineaux, E., & Jones, M. Wiley-Blackwel, 2007

BSAVA Manual of Small Animal Anesthesia and Analgesia, Chris Seymour & Robin Gleed, BSAVA, 1999

Small Animal Anesthesia Techniques, Amanda M. Shelby & Carolyn M. McKune, Wiley-Blackwell, 2022

Small Animal Surgery 5th Edition, Theresa Welch Fossum, Mosby, 2019

Small Animal Surgical Nursing 4th Edition, Marianne Tear, Mosby, 2022

Physical Rehabilitation for Veterinary Technicians and Nurses. Goldberg, M. E. & Tomlinson, J. E., Wiley-Blackwell. 2017

Practical Emergency and Critical Care Veterinary Nursing. Aldridge, P. & O'Dwyer, L., Wiley-Blackwell. 2013

Veterinary Technician's Manual for Small Animal Emergency and Critical Care. Norkus, C. L., Wiley-Blackwell. 2018

저자 약력

이수정 DVM, Ph.D

- The University of Tokyo 수의외과학 박사 및 박사후연구원
- 월드펫동물종합병원 원장
- 건국대학교 의생명과학연구원 학술연구교수
- FASAVA(아시아태평양소동물수의사대회) 2025 동물보건분과 학술위원
- (사)한국동물보건사대학교육협회(KAVNUE) 교육이사
- 연성대학교 반려동물보건과 교수

김정은 DVM, Ph.D

- 경북대학교 수의외과학 박사
- FAVA(아시아태평양수의사회) 2024 학술위원
- FASAVA(아시아태평양소동물수의사대회) 2025 학술위원
- (사)한국동물보건사대학교육협회(KAVNUE) 부회장
- 대구가톨릭대학교 반려동물보건학과 학과장

천정환 DVM, Ph.D

- 건국대학교 수의과 학사 및 석박사 졸업
- 미국 FDA 박사후연구원
- 오클라호마주립대 부속동물병원 연수수의사
- 광양 동물메디컬센터 진료수의사
- 인제대학교 반려동물보건학과 교수
- 강원대학교 바이오산업공학부 교수

엄세욱 DVM, CCRP*

- 서울대학교 수의외과학 박사수료
- 오래오래동물병원 원장
- 연암대학교 동물보호계열 교수

이신호 DVM, Ph.D, CCRP*

- 제주대학교 수의과대학 수의외과학 박사
- 2011~2021, 외과 및 재활 분야 임상 수의사
- SBS 동물농장 '물장구 테리' 편 출연 재활 상담
- 한국임상수의외과학회 학술편집위원
- 동물보건학회(KSVN) 학회장
- 동명대학교 반려동물보건학과 교수

---

*CCRP: Certified Canine Rehabilitation Practitioner(세계수의재활 전문가)

동물보건외과학

초판발행   2025년 3월 5일

지은이   이수정 · 김정은 · 천정환 · 엄세욱 · 이신호
펴낸이   노 현

편 집   김다혜
기획/마케팅   김한유
표지디자인   이영경
제 작   고철민 · 김원표

펴낸곳   ㈜ 피와이메이트
             서울특별시 금천구 가산디지털2로 53, 210호(가산동, 한라시그마밸리)
             등록 2014. 2. 12. 제2018-000080호
전 화   02)733-6771
f a x   02)736-4818
e-mail   pys@pybook.co.kr
homepage   www.pybook.co.kr
I S B N   979-11-7279-074-5   93520

정 가   25,000원

박영스토리는 박영사와 함께하는 브랜드입니다.